◆ 青少年感恩心语丛书 ◆

成功绝无偶然

◎战晓书 编

吉林人民出版社

图书在版编目(CIP)数据

成功绝无偶然 / 战晓书编. -- 长春：吉林人民出版社，2012.7
（青少年感恩心语丛书）
ISBN 978-7-206-09119-3

Ⅰ.①成… Ⅱ.①战… Ⅲ.①成功心理 – 青年读物②成功心理 – 少年读物 Ⅳ.①B848.4-49

中国版本图书馆CIP数据核字(2012)第150858号

成功绝无偶然
CHENGGONG JUE WU OURAN

编　　者：战晓书
责任编辑：郭雪飞　　　　　封面设计：七　洱
吉林人民出版社出版 发行（长春市人民大街7548号　邮政编码:130022）
印　　刷：北京市一鑫印务有限公司
开　　本：670mm×950mm　1/16
印　　张：12.5　　　　　字　　数：150千字
标准书号：978-7-206-09119-3
版　　次：2012年7月第1版　　印　　次：2023年6月第3次印刷
定　　价：45.00元

如发现印装质量问题，影响阅读，请与出版社联系调换。

目录
CONTENTS

坦然接受 / 001

一言九鼎 / 002

想着成功 / 003

坐着不动　一事无成 / 004

世界首富的启示 / 006

较　　量 / 008

成功的答案不止一个 / 009

致命的松懈 / 011

拒绝帮助 / 015

一小时的价值 / 019

带着心脏起搏器唱歌的人 / 022

拉大幕拉出的歌唱家 / 025

郑渊洁给儿子的求职经 / 027

人生由自己打造 / 030

回头要趁早 / 033

说谎的作文说谎的人 / 037

目 录
CONTENTS

成功的开始往往有点儿"酸" /040

重视你的第一次交谈 /042

被自己所伤 /045

我能给你什么 /047

将"成功"从你的字典里剔除 /049

你不必是个特殊的人 /052

成功的第一秘诀 /055

改变麦当劳的清洁工 /057

做没面子的工作 /060

成功应聘者这样表现 /063

三招培养出耐心 /069

自信者就是成功者 /073

竹竿为什么能拴住大象 /076

制怒有益也有法 /079

要善于与新环境接轨 /082

抱怨上司不如反省自己 /087

目录
CONTENTS

矿泉水瓶口有几圈螺纹 / 090

为何有些人最有可能成功 / 092

迈向成功的第一步 / 098

我们靠什么成功 / 100

巴菲特的"四点一线" / 102

"吻"得精彩 / 105

没有侥幸的成功 / 108

如何站在抛物线的顶点 / 110

用优雅敲开职场大门 / 113

成功就是现在开始行动 / 116

判　决 / 118

成功是成功之母 / 121

与大师握手 / 123

好心态是走向成功的指向标 / 125

从打工仔到获得国际专利的发明家 / 129

从 A 到 Z 的成功之路 / 139

目录
CONTENTS

给"注定"一个例外的解释　　　　　　／146

美国"小任务"的成功之道　　　　　　／150

田壮壮高升记　　　　　　　　　　　　／157

成功必备的八种理念　　　　　　　　　／161

挺　　住　　　　　　　　　　　　　　／167

低头走进　昂首走出　　　　　　　　　／170

熟记人名　　　　　　　　　　　　　　／175

"与之"与"反之"　　　　　　　　　　／178

孙思邈不朽的医德宣言　　　　　　　　／181

咬不断的心弦　　　　　　　　　　　　／187

第108稿　　　　　　　　　　　　　　／190

用理想攻克猜想　　　　　　　　　　　／192

坦然接受

悬而未决总是令人心神不安，一旦结果出现，就应当坦然接受，而无论这种结果是愿意还是不愿意看到。

结果出现之前，作出种种努力，争取最好，是必要的。一经成为既成事实，那就要迅速中止这种努力，因为努力已纯属徒劳，徒劳的事情不干比干好。

坦然接受，首先是要调整心态。让心态适应新的结果与环境。与客观存在闹别扭，不仅愚蠢而且毫无必要。你闹，它存在；你不闹，它亦存在。接受就是自己放自己一马，不接受就是自己与自己过不去。

愤怒是表示不满的一种形式，但从来都不是最好的形式。坦然接受，反而体现一种大度，大度才是表达心情的最好形式。

这种坦然不应是硬装出来的，而是自然溢流出来的。坦然处之天宽地更阔。

一言九鼎

一般来讲,做不到的事情就不要说,说出来的事情就要拼力做到。如果说归说,做归做,或者说得多,做得少,久而久之,就会失信于民。再去说再去做也就没多少听众与观众了。

说到做到,所说才有分量;

做到说到,所做才有影响。

为此便又应出言要慎,出手要慎。话到舌尖打个圈,想一想兑现的可能性有多大;事到临头先权衡,想一想成功的可能性有几分。想清楚了,想准了,再说再做。想清楚了看准了的事情,也不一定能一次办成,一步到位。这就需要有股韧劲。一次办不成,就来二次,三次;一步不到位,就分步到位,不要轻易撒手。

经过最大努力仍然无法办到的事情,那就坦言失败,而且不必沮丧,因为,你确确实实努力过了。

(欧阳斌)

想着成功

想着成功是成功之路上的第一步。

有位世界级射手在谈到自己成功经验时说:"关键是在心理上做好准备。我每天都在自己脑中放映一部电影,看到自己射击满分。"

想着成功并不等于成功,但是,想着成功毕竟是成功的必要准备,有没有这一准备,其结果是不同的,因为人生不能打无准备之仗。

具有同样实力的两个跳高运动员在争夺冠军时,一个成功了,一个失败了。记者问他们"为什么"时,成功者说:"因为我始终把焦点对着成功。"失败者则说:"我老是担心失败。"此时,失败与成功之间相差的就是这么一点儿。

想着成功,你就能甩掉消极的暗示和无谓的担心;

想着成功,你就会信心倍增,无所畏惧,调动起全部潜力;

想着成功,你就会背水一战,全力以赴,创造奇迹。

坐着不动　一事无成

这是一个发生在美国的故事：在一个促销会上，某公司的经理请与会者都站起来，看自己座位下有什么东西。结果每个人在自己的座位下，都或多或少地发现了钱。最多的拿到了100美元，就是少的也捡起了一枚硬币。就在人们惊异、迷惑的时候，这位经理走上台前，态度十分庄重地说话了："这些钱都归大家所有了。无论是多的，还是少的，我想人人都拿到了钱是确切无疑的。但是也一定会有疑虑：在座位下边放钱做什么呢？有谁能猜得出来？"人们你看看我，我看看你，都是一脸迷惑不解。最后还是公司经理一字一顿地道出了其中的缘由。他说："我之所以这样做，只想通过这一小事，告诉大家一个最容易被忽视、甚至最容易被忘掉的道理——坐着不动是永远也赚不到钱的，同样，坐着不动也是永远成就不了事业的。"

坐着不动就永远也赚不到钱，这的的确确堪称世界上最简单的道理，只有傻瓜才寄希望于从天上能掉下馅饼。俗话说："一分耕耘，一分收获"。没有耕耘，没有行动，就自然不会有收获。不论是运用你的大脑，还是动用你的体力，你一定要"动"起来才行。日本某公司的训导口号说："如果你有智慧，请你拿出智慧；如果你缺少智慧，请你流汗；如果你既缺少智慧又不愿意流汗，那么请你离开本单位。"人生于世，的确是需要"动"起来的，不是说"生命在于运动"吗？其实，事业更在于"运、动"——运用你的智慧，动用你的体力，才能创造你事业的辉煌。否则，你不只要离开"本单位"，恐怕还将要离开这个星球！

（张国学）

世界首富的启示

1973年，英国利物浦市一个叫科莱特的青年，考入了美国哈佛大学。常和他坐在一起听课的，是一个18岁的美国小伙子。大学二年级那年，这个小伙子和科莱特商议：一起退学，去开发32Bit财务软件。因为新编教科书中，已解决了进位制路径转换问题。

当时，科莱特感到非常惊诧，因为他来这儿是求学的，不是来闹着玩儿的。再说对Bit系统，默尔斯博士才教了点儿皮毛，要开发Bit财务软件，不学完大学的全部课程是不可能的。他委婉地拒绝了那个小伙子的邀请。

10年后，科莱特成为哈佛大学计算机系Bit方面的博士研究生，那个退学的小伙子也是在这一年，进入美国《福布斯》杂志亿万富豪排行榜。1992年，科莱特继续攻读，拿到博士后学位；那个美国小伙子的个人资产，在这一年则仅次于华尔街大亨巴菲特，达到65亿美元，成为美国第二富豪。1995年科莱特认为自己已具备了足够的学识，可以研究和开发32Bit财务软件了；而那个小伙子则已绕过Bit系统，开发出Eip财务软件，它比Bit快1500倍，并且在两周内占领了全球市场,这一年他成了世界富富,一个代表着成功和财富的名字——比尔·盖茨也随之传遍全球的每一个角落。

  在这个世界上,有许多人认为,只有具备了精深的专业知识才能从事创业。然而,世界创新史表明:先有精深的专业知识才从事发明创造的人并不多,不少成就一番事业的人,都是在知识不多时,就直接对准了目标,然后在创造过程中,根据需要补充知识。比尔·盖茨哈佛没毕业就去创业了,假如等到他学完所有知识再去创办微软,他还会成为世界首富吗?

  在这个世界上,似乎存在着这么一个真理:对一件事,如果等所有的条件都成熟才去行动,那么他也许得永远等下去。

(刘燕敏)

较 量

某大公司招聘，数千英俊择一，待遇当然是很高的。这天临近傍晚，经数轮淘汰只剩下甲乙二人。人事部安排他们在公司招待所住下，说第二天总裁一早将亲自主持面试。

一进房间甲就开始琢磨：关键时刻到了，明天的成败可能会决定一生的命运，我一定要好好表现！可是总裁会问些什么稀奇古怪的问题呢？甲越想头越大，服务员把饭菜送进来，他却一口也吃不下。晚上12点都过了，他仍在阳台上徘徊。服务员问他为什么还不休息，他痛苦地摇摇头。

第二天早晨，服务员推门进来，她递给甲一份早餐，说："吃完后，您就可以回去了。"甲很吃惊："我还没参加考试呢。"服务员说："不必了，实际上我是总裁助理。以后公司经常会遇到头疼事，有许多事是专业知识帮不上忙的。昨天晚上乙仍然吃得很香睡得很熟，所以他通过了。"

（魏　风）

成功的答案不止一个

有一位在金融界工作的朋友,立志要读中国人民银行总行研究生,三大部《中国金融史》几乎被他翻烂了,可是连考数年都未考中。然而,在这期间不断有朋友拿一些古钱向他请教,起初他细心解释,不厌其烦。后来,见问的人实在太多了,索性编了一册《中国历代钱币说明》,一是为了巩固所学的知识,二是为了给朋友提供方便。是年,他依旧没有考上研究生,但是,他的那册《中国历代钱币说明》却被一位书商看中,第一次就印了一万册,当年销售一空。现在这位朋友已经是中产阶级了。

处处留心皆学问,仔细观察身边的事物,总会给你一些启迪。我们总是喜欢朝着自己既定的目标奋力拼搏,而现实是残酷的,不可能每个人最初的愿望和理想都能实现,那些搏击一世却未获成功的人,会不会是因为他将生命中意外出现的同样精粹的部分,简单地视为"那不是我想要的",而从未得以展示呢?

李宇明是华中师大的年轻教授,刚结婚不久,妻子就因为患类风湿性关节炎成了卧床不起的病人,生下女儿后,妻子的病情又加重了。

面对长年卧床的妻子，刚刚降生的女儿，还没开头的事业，李宇明矛盾重重。一天，他突然想到。能不能把自己的研究方向定在儿童语言的研究上呢！从此，妻子成了最佳合作伙伴，刚出生的女儿则成了最好的研究对象。家里处处是小纸片和铅笔头，女儿一发音，他们立刻做原始记载，同时每周一次用录音带录下文字难以描摹的声音。就这样坚持了6年，到女儿上学时，他和妻子开创了一项世界纪录：掌握了从出生到6岁半之间几百万字的儿童语言发展原始资料，而国外此项纪录最长只到3岁。1991年，李宇明的《汉族儿童问句系统习得探微》的出版，在国内外语言界引起了震动，被《中国语言年鉴》誉为"关于儿童语言发展的奠基之作"。买菜、做饭，给妻子洗脸、洗脚，照料女儿的衣食杂事，家务塞满了李宇明的每一天，却同时成就了一个难得的研究机会。1991年至1994年，硕果一颗颗落下来：他和妻子合著的《父母语言艺术》已出版；他主编的《聋儿语言康复教程》获奖；35万字的最新论著《儿童语言发展》又被列入出版计划。

失之东隅，收之桑榆。在你向目标奋斗的路途中，目的地也许非常遥远。在这过程中，许多人忽略了沿途看到的美丽风景，也忽略了其他的路。每个人的思维或审美总是有一个模式，而且不愿打破，所以，很多时候，埋没天才的不是别人，恰恰是自己。成功的答案不止一个，不要循规蹈矩，更不要放弃成功的信心，此路不通，就该换条路试试。

(秦仁杰)

致命的松懈

琼和娜佳是美国海军陆战队最出色的两名女兵，她俩反应敏捷，体能强，作战技术全面。陆战队有意让她俩担任更重要的工作，于是决定对她俩进行一系列的"魔鬼训练"。

这天晚上，琼和娜佳都在睡梦中的时候，突然，几名蒙面歹徒闯了进来，将她俩绑架了。歹徒将她俩捆绑起来，蒙上眼睛，然后带出宿舍，扔在一条铁路的铁轨上。琼和娜佳浑身被捆得严严实实的，不能动弹。她俩躺在铁轨上拼命挣扎，试图离开铁轨，但，几次努力都没有成功。这时，传来了火车的轰鸣声，而且声音越来越大，越来越近，琼和娜佳都能感觉得到身下铁轨的轻微颤动。眼看两个人就要被火车碾成肉酱了，琼和娜佳都吓得不得了，在这生死攸关的时刻，她俩拼尽全力，居然滚出了铁轨。耳畔，火车呼啸着轰鸣而过，她俩都吓出一身冷汗，直叫：好险！

这时，有人来给琼和娜佳松绑，并揭下了她俩的眼罩。琼和娜佳发现，那些歹徒原来是队友们装扮的，自己刚才所躺的地方，也并不是真正的铁路，那只是摆放在铁路旁边与铁路平行的一段短钢轨，就是两个人不挣扎着滚下来，也会平安无事。至此，她俩才明白过来，这是陆战队对她俩进行的一次"魔鬼训练"。

"魔鬼训练"的目的，就是为了锻炼她俩的胆量，激活她俩的身体潜能，培养她俩面对灾难的心理承受能力。

这次训练过去后大约一个星期，一天晚上，琼和娜佳刚刚就寝，队长打来电话，说有四名抢劫银行的罪犯逃到了一座荒山上，叫她俩赶快去追捕逃犯。

她俩也不知道这是又一次"魔鬼训练"还是真的追捕任务，但不管如何，她俩得一丝不苟地执行队长的命令。

琼和娜佳奉命追到了那座荒山上，但逃犯发现了她俩的行踪，他们躲在一条隧道里，伏击琼和娜佳，将琼和娜佳抓住了。一如一个星期前的经历一样，琼和娜佳被逃犯们捆成两个大粽子，扔在了隧道里的铁轨上。

在火车轰鸣着到来之前的一瞬间，琼拼尽全身的力气，滚出了铁轨。但，娜佳怎么挣扎也滚不出铁轨，结果，她被火车碾断了脖子。

队长得知娜佳的死讯，十分惊讶，依娜佳的能力，完全能够在火车到来之前逃离铁轨的，上次对她训练时她不就做到了吗？怎么这次就做不到呢？

队长向琼了解情况，琼说，在听到火车的轰鸣声时，她曾向娜佳发出过警告，她当时大声喊："娜佳，快，火车要来了，我们快想办法！"娜佳回答了一句话："好吧，我来试试。这该死的队长，这种训练已经进行过一次，怎么还要来第二次？没劲！"琼听得到，娜佳说完那句话后，也在那里挣扎，但几秒钟后，她就听到了娜佳凄惨而短促的尖叫。

什么都明白了，娜佳仍然将这当作是训练，她察觉不到迫在眉睫的生命危险，仍然觉得自己是安全的，所以她没有了紧迫感，没有了压力。虽然她也在为离开铁轨做着挣扎做着努力，但那是在没有压力的情况下所做的挣扎和努力，其作用已经大打折扣了。

队长直摇头："娜佳都是被心里的松懈给害的，唉，致命的松懈呀！"

的确，松懈是致命的。一个人身心松懈了下来，那么他整个人也就慵懒了下来，就像一张弓。如果弦没有绷紧，松松垮垮的，它是无论如何射不出箭的，即便射出，那箭也是抛掷于咫尺之间，不能及远。

所以，人一旦松懈下来，就没有了进取心，就没有了拼搏欲，即便看起来他也在努力，但那已经是没有了张力的努力，他的能力会大打折扣。就像娜佳，她完全有能力脱离危险，但因为她没有意识到危险的存在，心存侥幸，心存松懈，所以她虽然也在试图为离开铁轨而挣扎，但最终却未能如愿。

相反，人如果有了紧迫感，在巨大的压力下，往往能爆发潜能。这就像绷紧弦的弓和上紧发条的钟，那力量是巨大而持久的。往往人们在压力下能完成平时认为是无法完成的工作，办成平时认为是

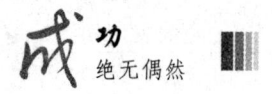

无法办成的事情。

  如今的社会，节奏快，到什么地方都能听到人们的抱怨，说压力太大。殊不知，正是因为这压力，才造就了自身的进步，造就了社会的进步。如果你想要进步，就要丢弃松懈，寻求压力！如果你感觉不到身边的压力，那就——自加压力！

（方冠晴）

拒绝帮助

帮助别人是一种美德，适时拒绝帮助是督促自己上进的有效方法。我们应该换一种思维方式来思考，毫无选择地接受帮助和适时拒绝帮助，哪一种更有利于我们的生存和发展呢？这个问题是不容回避的，对这个问题的不同回答往往表现出一个人的生活态度和生存智慧的高低，对这个问题的不同处理方式也往往决定了一个人的卓越与平庸。接受帮助和拒绝帮助，就一个个孤立的生活事件来说并不十分重要，但要是成为一种生活习惯和生存态度，并将它凝固成一种思维习惯，那对一个人的发展与前途就起决定作用了。

太多的关怀、太多的爱护、太多的帮助，会使一个人变得软弱无力变得目光短浅变得毫无生气。所以，一个成熟的人必须有能力适时拒绝帮助，让自己坚强起来，真正有自立的能力；一个真正懂得爱的人也不会一味地帮助对方而让他失去自我行动的能力。真正的帮助应该是一种鼓励一种引导一种推动，接受这种帮助于人生是有益的，要是把别人代替做事视为帮助，那你就失去了自立生活的能力了。永远让别人扶着走路，就永远没有独立走路的能力，虽然四肢健全但却成了精神意志上的残疾人。

朋友、亲人帮助你是出于善意，这是无可非议的。而你在还有能力完成什么的时候拒绝帮助并不是不领情，是你想自己一个人渡过难关检验一下自己的生存能力和自立能力。当然，当你面临绝境时是不该拒绝帮助的，否则连生存的资本都失去了，还如何自立自强呢？

拒绝帮助，目的就是不用人扶着走路而自信自己有能力独立行走，即使开始时走得慢一些蹒跚一些，也应该自信自己有能力走下去，自己走习惯了就不会凡事依赖亲友了，也不会在没有帮助的情况下就灰心丧气了。在美国，拒绝帮助的人是较多的。因为他们从小就有很强的自立意识，就想自己应该独立生活在这个世界上，而独立的前提是不依靠别人自然就应该拒绝帮助了。在美国，有人说"我想帮助你"往往被理解成"我瞧不起你"，我也有头脑也有双手干啥用你帮助？在美国，要想帮助朋友是件很费心的事，你只能引导他只能帮他出主意只能在后面推动他，这需要更大的耐心和做无名英雄的境界，有时这会更能体现出情感的分量。在这种拒绝帮助的环境下生活的人都有很强的自立能力，美国前总统里根在任时，他的儿子失业了竟靠救济金生活而不向父亲要一分钱，因为他认为一个成年人向父母伸手是天大的耻辱，要是向别人伸手讨帮助那更是被人耻笑了。

最近，我在电视上看到了令我终生难忘的一幕，1994年11月23

日晚，人民大会堂近万人为一位世界著名小提琴演奏家的精彩演奏鼓红了手掌，这位音乐大师双腿因患小儿麻痹症而不能站立行走，可面对热情的观众，他竟拒绝旁人的搀扶用了几分钟的时间自己挂双拐站了起来接受鲜花并向观众致意，这位音乐大师就是伊扎克·帕尔曼。这位被全世界敬仰的音乐大师每场演出都是自己吃力地站起来向观众致谢的，他对采访他的中央电视台的记者说：成功来源于自己，世上没有什么是不能做的，只要你想做好……这下我们能理解这位音乐大师的成功了吧？他四岁时患小儿麻痹症，全家人都认为从此苦难将伴随帕尔曼一生，可帕尔曼却成为了一个幸福的人成功的人令人敬仰的人，我想这一切都来源于他的"拒绝帮助"。他认为世上没有残废人而只有残疾人，他自己坚信自己能做好自己想做的事，他不靠别人的帮助拒绝别人的帮助，就像他在台上坚持自己站起来一样，因此他成了世界级音乐大师。我想，这位音乐大师留给我们的不仅仅是美妙的音乐，他还以自己的行动让我们明白了一个人要想成就事业必须有能力适时拒绝帮助而依靠自己的力量。当然，这是很难达到的人生境界，但做不到这一点你就永远与大成功无缘，而只能庸庸碌碌地了此一生。

　　中国自古就是礼仪之邦，互相帮助是我们的传统美德。帮助别人是被众人称颂的品德，于是在这种环境下也就产生了许多离开帮助就不知该如何生活的人，也产生了在种种帮助下"艰难度日"的人。有许多人活了几十年靠父母靠朋友靠政府靠单位，就是从来没依靠过自己，他们过惯了这种"精神寄生虫"的生活，一旦离开帮助就不知如何生活下去了。在我们身边有许多人竟到处炫耀这种帮助：我父母每个月都给我200元、我哥哥帮我修房子我一分钱没花、我姑父真大方送我一套1000多元的西服、我哥们儿帮我找了个好工作……而你干什么了？无端受人帮助或是乞求别人的帮助又与乞丐何异呢？今年夏天我采访过一个家境困难在众人帮助下得以上学的孩子，这个孩子悄悄告诉我一句话：我发自内心感谢他们，永远忘不了他们，但我一定要争取早点自己挣钱养活自己养活全家！我想这个孩子长大后会有出息的，因为众人的好心帮助使他明白了人应该自主生活。

适时拒绝帮助，是一个人走向自己人生之路的必经关口，是一个人自主自立生活的前提，也是成就事业的必备条件。当一个人有能力拒绝帮助时，他才真正开始了自己的人生旅程。我们应该有能力接受一种全新的又是被无数事实验证为正确的生存思维方法：适时拒绝帮助。这也是一个人真正有生存智慧的体现。有了这种生存观，人生就永远不会有真正的困难和挫折，生活也就永远与绝望无缘而与希望成为一体了，成功才会永远陪伴着你。

（王书春）

一小时的价值

市场经济的社会确是充满竞争的社会，现今的中国人有谁感受不到竞争的压力呢？当优胜劣汰的机制成了一条铁的法则的时候，生活就必然像被狠抽了一鞭子的陀螺，不停地运转。很多人为生存而竞争的时候，总有一种抽不出时间去做自己爱做的事的遗憾，忙忙碌碌，一晃一年，生命就这样日复一日、年复一年地耗尽了。

过度紧张的生活不仅无益于健康，而且有损于自己事业的成功。文武之道，一张一弛，只有保持精力充沛、神情专注的工作状态，才能有效地提高工作效率。有什么办法做到两全其美呢？其实有一种行之有效的办法，这就是不妨注重每日一小时的价值。

每天抽出一小时，可以产生意想不到的效果。当今世界上最大的化学公司——杜邦公司的总裁格劳福特·格林瓦特，对鸟类研究情有独钟，他每天挤出一小时来研究蜂鸟，这是一种世界上最小的鸟。他用专门的设备给蜂鸟拍照，鸟类研究专家把他写的关于蜂鸟的书称做自然历史丛书中的杰出作品。休格·布莱克进入美国议会时，并未受过高等教育。他从百忙中每天挤出一小时到国会图书馆去博览群书,包括政治、历史、哲学、诗歌等方面的书。数年如一日,就是在议会工作最忙的日子里,也从未间断过,后来他成为美国最高法院的法官,这时他已是最高法院中知识极为渊博的人士之一,他的博学多才使美国人民受益匪浅。富兰克林·罗斯福在战争最艰苦的年代里,时常强迫自己挤出一小时来集邮,借此摆脱周围的一切。他把自己关在房间里,摆弄着各色的邮票,常常是罗斯福进入房间的时候,脸色阴沉,心情忧郁,疲惫不堪,而等到他走出屋子的时候,精神状态完全变了,变得好了,似乎整个世界都变得明亮了。对于这位总统来说,这点时间的独自清静换来了他新的精神面貌。

一小时的价值,并非只对于日理万机的大人物才能体现出来,其实对于普普通通的芸芸众生来说,同样能体现出来。我有一个朋友,特别爱好中国象棋,过去我们一起上山下乡的时候,在知青点上,他在劳动之余,夜晚就着昏黄的煤油灯摆弄棋子。现在他已是一家有着一千多名职工的工厂厂长了,可是这个业余爱好一直未中断。近几年来,每天都挤出一小时的时间研究棋谱。出差时一副棋子、一本棋谱带在身边,从未间断,靠着日积月累的不懈琢磨,棋艺大进,两次夺得全市象棋比赛的冠军。我问他爱好象棋是否影响工作,他说,有个业余爱好,不仅可以增强生活的情趣,而且象棋中的决断、大局观等,对他的企业领导工作大有裨益,说到底棋艺和人生的艺术也是相通的。我的一个同事,每晚休息前总要抽出一个小时读书，雷打不动。广博的知识积累不仅使他在工作上游刃有余，成为业务骨干，而且触类旁通，业余时间还写下了许多杂文和散文，现在已是省作协会员。他与我算过一笔账，每分钟读300字，1小时就能读1.8万字，一周就能读12.6万字，一年可读657万字，以平均一本书15万字计算，一年可读44本书，如果坚持30年，就是1320本书。我听了他的计算，不由得想起古人悟出的聚沙成塔、集腋成裘的道理，感到一个小时的价值实在是相当惊人的。

每天抽出一小时，关键在持之以恒，不能一曝十寒。每天抽出一小时，形成兴趣和习惯以后，就会把这一小时当作每天生命不可或缺的一部分，让这一小时成为紧张生活的有益调剂，将会使生活变得更加春意盎然。甚至这一小时也能成为自己事业的另一座凸起的高峰。为生活辛勤操劳着的现代人，不妨选择自己喜爱的内容，利用这一小时的价值，是会收获颇丰的。

（邹平实）

带着心脏起搏器唱歌的人

Tank原名吕建中，但所有的人都喜欢叫他Tank。Tank家族有心脏病史，Tank也不例外。只是他不相信自己的生命真的会如此脆弱不堪一击。所以从小Tank在明明知道自己患有心脏病的情况下，还狂打篮球、跳舞、唱歌，他就是想向所有的人证明，他能够战胜心脏病。

可就在一夜之间，Tank的世界崩溃塌陷，他的大脑中挥之不去的是姐姐离去的身影。姐姐和他最亲，每当他在台上大声歌唱的时候，姐姐就在台下为他挥手。可是，就在姐姐收到男友求婚的情书的幸福时刻，却突发心脏病去世。

姐姐离世的阴影还没有散去，小姨再次离去。Tank这才明白，死亡的脚步一天一天逼近自己，并不是像自己所想象的那样无所谓。人们再也看不到那个在台上大声飙歌的天才小子——Tank。

Tank越来越自暴自弃，在家里打电玩，一直打到瘫软在地。和朋友出去酗酒，总是不要命地把自己灌醉，然后飙车，把人撞伤，车祸逃逸。台湾所有的娱乐报纸都在谈论Tank，说曾经那个单纯、阳光的好好男生成了坏小子。

公司、母亲、朋友都劝Tank要自重，要勇敢地面对生活，像他这样有心脏病的人，根本就不能碰酒，但Tank却在这些人面前哭喊着说："你们以为我愿意吗？我也不想这样生活，可我只要一想到姐姐，想到自己明天也可能像她一样，一觉之后再也醒不过来了，我还有心情去写歌吗？"所有的人都回答不了Tank的问题，只能为他心痛，一位天才少年就这样被命运之神给毁了。

又一次胸口疼得要命，疼得Tank整个人躺在地上抽搐。Tank的样子把所有的人都吓坏了，马上打电话叫来急救车，把他送到医院。医生建议Tank安装一个心脏起搏器，Tank却对医生喊道："心脏起搏器就能够救我的命，保我一生吗？"医生摇着头对Tank说，如果你是这样的心态，谁也救不了你的命。

正在所有的人都对Tank失去信心的时候，Tank却在一个早上拉住医生的手问，做这样的手术难度大吗？医生告诉他，这只是一个心导管手术，不会很复杂。于是Tank的心脏里多了一个起搏器。

两年之后，带着心脏起搏器，Tank重新站在舞台上歌唱。最近，他还带着自己的新专辑《第三回合》来到大陆进行宣传。在专辑宣传推介会上，有媒体记者问Tank，是什么力量让他重新站起来的？Tank说，是一个九岁的小女孩，是她的勇气感染了我，让我快要枯萎的心灵重新得到滋润。原来，在Tank住进医院的一天，他隔壁病房的一个九岁小女孩推开了他的病房，给了他一朵小小的红花，然

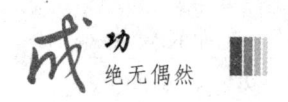

后问Tank，你怎么不唱歌了？我看过你在电视上唱歌，是不是你也要像我一样，装上心脏起搏器后才能歌唱。说着，小女孩抓住Tank的手放在胸前，然后对Tank说，其实一点儿也不痛。Tank看着这个漂亮的小女孩，忽然间有泪流下，一直在Tank内心绕不过去的阴影，竟然被这九岁的女孩照亮。Tank久久才说，是的，我也要像你一样，装上心脏起搏器后再歌唱。

今天，站在台上的Tank，仍然光鲜照人，他的嗓音还是那么迷人，但Tank说得更多的却是九岁小女孩明亮的眼神，他说，他要感谢她照亮了自己的人生，让自己终于有了勇气站在台上继续歌唱。

（刘述涛）

拉大幕拉出的歌唱家

他没有上过专业的音乐学院，靠着惊人的毅力，他坚持自学钢琴、声学、视唱、练耳、意大利语等，他都靠自学熟知的。一个偶然的机会，他进入了总政歌剧团。那里知名演员众多，很长一段时间，他被封闭在大幕后边和灯光楼子里，演歌剧都轮不到他演主角。他跟领导说："既然登不了台，那就安排我跑龙套吧。"于是，他就在舞台上拉大幕，因为他是搞音乐的，懂得节奏，如果音乐是快的、是激扬的，他就随着音乐拉开大幕，"刷"一下打开。有些地方是抒情的，很慢，他的大幕就慢慢的。动了情了，他把自己融入到了大幕里，于是领导和演员都觉得他的大幕拉得好、

再后来，日本指挥家小泽征尔来华与中央乐团合作演出贝多芬第九交响乐，在全国几十名歌唱演员的选拔中，他被选中，在演出中受到小泽征尔的赞扬，此时，他已38岁。52岁那年，他被选为我国古典名剧《三国演义》片头曲的主唱，他才凭借着《滚滚长江东逝水》而被大家所熟知。

他就是我国著名的男中音歌唱家杨洪基。其实，从自学到拉大

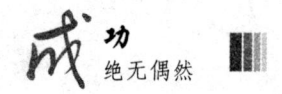

幕到再到被选中为《滚滚长江东逝水》的主唱，杨洪基经过了40年的积累。后来，有记者采访他成功的秘诀是什么？他说："不管干什么，动了情了，就一定能够成功。"

（桂乐发）

郑渊洁给儿子的求职经

2001年6月30日,这一天是郑亚旗18岁生日,父亲郑渊洁郑重地对他说:"从明天起,你的保修期就到了,你就不能向我要钱了,家里的一切都得分担,咱俩出去吃饭都得AA制。再向我要钱,那就是废品、次品。"其实从郑亚旗10岁开始,郑渊洁就不断"警告"他:"18岁前你要什么我给你什么,18岁之后,我就不管你了,相反我要什么你给我什么。"

过了18岁生日,郑亚旗就开始找工作,他原以为求职很容易,他得意洋洋地发出上千份简历。谁知几个月过去了,竟然没有一家单位理他。后来,与人合伙给别人设计网站,跟着网友学炒股,但都没成功。

经过煎熬,终于有一个招聘保安的单位让他去面试。

负责招聘的人看了他的简历,鄙夷地问:"18岁,北京户口,小学毕业。你是不是残疾人哪?"那人一边说话还一边敲了敲他的腿。郑亚旗收起简历,气鼓鼓地往回走。

回家的路上,郑亚旗突然想到了父亲的教导:"到一个公司,比如去微软扫地，人家要2000元的月薪，你进门1000元也干，然后给公司的某个不适合的制度提建议，领导自然会发现你，给你应得的待遇。"

郑亚旗赶紧回到那家公司，遗憾的是，招聘已经结束了。回到家里，郑亚旗很不开心，郑渊洁看了看，却什么都没说。那晚郑亚旗睡得很晚，郑渊洁睡得更晚。

继续出门找工作。郑亚旗有个朋友要找人到超市扛鸡蛋，一箱五毛钱。郑亚旗对朋友说："那我去吧，好歹能挣个汽油钱。"在朋友惊讶的目光中，郑亚旗每天开着奥迪A6去超市扛鸡蛋，这一扛就是三个月。于是流言来了："大作家的儿子在超市扛鸡蛋""郑渊洁的教育失败了"。

郑渊洁说："任何经历都是财富。"郑亚旗没和父亲说在超市扛鸡蛋的事儿，他觉得自己已经长大了，没有必要什么事儿都和父亲讲了。一天，郑渊洁无意中发现了郑亚旗衣服上的鸡蛋污垢，郑亚旗只好实话实说。没想到郑渊洁的反应竟然比中国队在奥运会上得了金牌还高兴，他拍着郑亚旗的肩头说："你能有这样的心态，我满意极了。"

扛鸡蛋三个月后，郑亚旗在报纸上看到一家报社招聘网络技术人员，很适合他，想投一份简历。郑渊洁主动帮助郑亚旗策划："你得亲自上门，先进去，哪怕一个月只给300元，你学历低，但对企业的忠诚度高啊。"

于是，郑亚旗精心准备好资料主动上门求职了。当时前去应聘的有许多大学生，他害怕人家看到他的小学学历不给他机会，便开门见山、信心十足地向对方说："别看我只有小学学历，但我的技术很高，很多大公司的网页都是我做的。不信，我操作给你们看。"郑亚旗在电脑前演练了一下自己的网络技术，翻出制作过的网页给招聘人员看，并向他们承诺马上就能帮助报社建一个免费网站。

于是，第二天，郑亚旗就去这家报社上班了。

凭着一贯的勤奋诚实，不到一年，郑亚旗被提拔为网络技术部主任。这个时髦且富有创造性的职位，是许多大学生梦寐以求的。郑亚旗并没有因此满足，还在向更高处攀登。

而如今，郑亚旗自己做起了老板。

郑渊洁给郑亚旗的求职经，就是要勇于从底层起步。职场和登楼梯一样，从底层起步，才能走得稳、才能脚踏实地、不断地更上一层楼。

（许永海）

人生由自己打造

斯坦福大学是一所世界公认的美国最杰出的大学之一，该校每年都会通过多种形式邀请一些著名企业家来校讲学或当评审顾问等等。奇怪的是，几乎每个来斯坦福大学的公司老总，都会再三叮嘱校方关照一个名叫彼得的大学生，并且在百忙中还要抽时间亲自来探望彼得，关切地询问他的学习情况，言谈话语中坦率地透露出，等到他大学毕业了，是否可以优先考虑到他们的公司去上班。

曾有热心人做了一个统计，彼得尽管才刚刚上大一，就已有十几家全美著名公司为他预留了职位。这怎能不让同学们眼红羡慕呢？一番明察暗访后，得到的结果令他们惊讶万分：这个其貌不扬的彼得，竟然是享誉全球的"股神"巴菲特的次子。

可是升入大二后，大学校园里就再也看不见彼得的身影了，原来他辍学了。人们纷纷这样猜测：凭着他那么高贵富有的身份背景，说不定，早已在某大财团里任职做了董事了。可是不久就有人发现，彼得辍学后租住在一间狭小的公寓里，独自鼓捣起钟爱的音乐来。有时，他频繁出入各大广告公司，推销自己创作的音乐作品，还为作品的好坏跟人家争得面红耳赤。他穿着也很平常，座驾是一辆破旧的二手车，仿佛一个贫困的失业者。

没有人知道，当人们都认为彼得背靠大树好乘凉的时候，他却为自己有个富翁父亲而苦恼，因为他不想活在父亲的影子里。当初被斯坦福大学录取时，他本以为是凭借自己的实力考取的，很有些沾沾自喜的样子。等他来学校报到时才知道，他之所以能够进入斯坦福大学，是因为父亲的朋友、时任《华盛顿邮报》发行人的格雷厄姆为他写了封推荐信。这一下，犹如兜头浇了一瓢冷水，让他从头一直凉到脚跟儿。本来彼得还踌躇满志地暗暗发誓，一定要争气，把每门功课学好，以优异的成绩毕业，然后抛掉父亲的光环，去做一番令人瞩目的成就证明给他看。但是现在，他发现事实并非自己想的那么简单。因为在华尔街，到处都是父亲的朋友，他们每次到斯坦福大学来，都会不厌其烦地关照自己，并为他预留职位等等。这让彼得高傲的自尊心备受打击。

这可怎么办呢？经过一番深思熟虑之后，彼得毅然选择了辍学。他在音乐诠释方面有独到的见解，所以他想完全脱离父亲的一切，然后凭借自己的能力闯荡出一番崭新天地。起步的艰难可想而知，为了生存，他开始做广告音乐，但是没有人赏识他辛辛苦苦作出来的曲子，有时他连饭都混不饱。可以说，一个无名小子在创业阶段所必经的种种磨难，他都经历过了。每当撑不下去的时候，他就想：难道离开父亲我真的就活不下去吗？不，我决不认输！这是上帝对我的意志力的考验，他想看看我没有父亲的庇佑是否一样能混出名堂来，我不能做懦夫，一定要为自己争口气！这样一想，他就又有了重新开始的勇气。他一边做广告音乐养活自己，一边向自己灵魂深处所追寻的音乐风格迈进。就这样，他过了近十年的籍籍无名的生活，终于在1987年发行了第一张专辑。此后，他又凭借为《与狼共舞》等好莱坞影片谱写音乐而一下子声名大噪。

也许有人说彼得傻，有个亿万富翁父亲，想要什么样的成功不是唾手可得，吃那份苦又何必呢？彼得却说："只有靠自己的双手，才能活出人生真正的价值！"

（吕保军）

回头要趁早

上个世纪80年代初,伴随着高考结束的铃声,我两年的高中生涯也悄然落下了帷幕。

领取毕业证的那天,我拿到了自己的成绩单,上面赫然写着"203"。虽说分数不多,但我已经很满足了。因为我知道,自己高中的这两年根本没有学习。

接着.一条爆炸性的新闻在师生中迅速传开:我班有四名同学被大学录取了!天哪,我的心被深深地震撼了!因为在此之前,这所高中还没有升学的记录——尽管它的历史已有三年。这可相当了得。而且这些了得的人物平时就在我的身边。

照毕业照时,我看到考上的同学兴高采烈、踌躇满志的样子,心里便涌起一股幽幽的酸楚:为什么同样是读了两年的高中,人家能进入高一级的学校深造,而我却只能灰溜溜地回家务农呢?我开始后悔自己荒废了时间,虚度了光阴。不错,确有两名同学是多年的复读生,可他们也是下功夫学出来的。

见有许多同学报名下一年的复读,我突然也萌生了这种念头。

怀着一种忐忑的心情，我来到了教务处报名。主管登记的是教务主任，五十多岁的老头，戴着一副老花镜。

看看周围没人了，我小心翼翼地递上了自己的成绩单。教务主任瞅了一眼，放下手中的笔，抱起膀子，偏着头，从眼镜的上方斜视着我，满脸的鄙夷："才考了这么点儿分，再复读一年也白扯，别糟蹋钱了，算了吧！"我还从没听过这么刺耳的话，脸顿时火辣辣的，一下子红到脖子根。我硬着头皮辩解道："我没好好学……"声音很小，连自己都没听清。教务主任白了我一眼："再复读一年，你就能好好学了？"明显带着瞧不起的口吻。我一听，似乎有门，坚定地回答："能！""那你原先为什么不好好学，何必多此一举呢？"我的自尊心受到极大的伤害，脸面丧失殆尽，恨不能找个地缝钻进去。我狠狠瞪了他一眼，转过身，气呼呼地走了。

复读不成，我自然地加入了劳动大军的行列。可压抑的心情并没好转，因为我回避不了队里人那淡漠的目光。我是队里唯一的高中生，可是，谁也没把我看成是一个高中生，而是一个劳动力——仅仅是一个普通的劳动力而已。他们仿佛在说："他的书算白念了，结果还跟我们一样干活。"成天吃饭干活，干活吃饭。日子一天抄袭着一天，机械而单调。虽说并不累，但是内心的寂寞却是无法排遣的。我开始思索自己以后的人生：难道就这样度过一生吗？我又想到了复读。可我一想起那个教务主任的态度，气就不打一处来。

或许是因为经历过高中的缘故，我始终不甘心这样下去。我认为这样的生活就是在挥霍青春、浪费生命。人应该追求知识和充实的生活，至于什么样的生活，我自己也说不清楚，反正不是现在这样的生活。

也许是失去了才知道珍惜。夜深人静时，校园读书的情景常常在脑海里不停地播放。原来那些讨厌的书本，不知何时变得那么亲切，那么珍贵。不是有自考大学的吗？我要自考！

可是做起来才知道：总有许多事情干扰着我，使我不能安下心来。时间像小河里的水，缓缓地向前流着……

毕业两年后，我终于向父亲说出了我埋藏已久的想法。父亲大吃一惊，甚至怀疑我是不是发烧了。经过几个回合的交谈，我终于说服了父亲。父亲很激动，我忘不了父亲那充满自豪与希望的眼神。为此，父亲特意召开了两次家庭会议，向我的两个哥哥和两个妹妹告知了我的想法，以求得他们的支持。最后全票通过。

往下就是如何说服学校的领导了。我给原班主任写了一封长信，让他帮我向校长求情。我豁出去了，到这时还讲什么脸面呢？在好多热心人的帮助下，我去见了校长，也见到那个主任。说来也怪，他们说了很多刺激我的话，我也不觉得那么刺耳了。我想，或许他们是用这种方式来试探我的决心吧。两年多的感悟，我已经学会了承受。我仿佛抓住了一棵救命稻草，不会再为了一时的脸面而失去这次机会了。说什么我都可以听，我必须用结果来回答。

经过反反复复的几个回合，校长终于被我的诚意所打动。

回到了学校，我才知道，事情比我想象的还要糟糕十倍。我根本什么也不会，空有一腔热血。上课时，我像在听天书。老师提问我简单的问题，我都答不上来，场面真是尴尬极了。同学们觉得很诧异：他不是复读生吗？有的明显地露出鄙夷的表情。可我只想着自己心中的愿望，哪顾得上这些。不过，我真为自己着急，有时真想打退堂鼓。可是同时另一个声音在大声呼喊——"你忘记自己当初的誓言了吗?!"

我像一只蜗牛，慢慢地、艰难地向前爬行着。我的床位始终是空的——我成了班级起得最早，睡得最晚的人。

苦心人，天不负。经过近两年的埋头奋战，我终于考上了师范大学。虽说不是名牌大学，但也是我们村里第一个大学生。接到通知书那天，父亲拿在手中，翻来覆去地看，泪水在眼里直打转。

我考上大学的消息不胫而走，就像一颗炮弹在全村炸响。村里人那羡慕的目光手电般向我投来，从他们的脸上我找回了丢失许久的尊严。

（风中短笛）

说谎的作文说谎的人

一位年轻的作家在博客里说出一种残酷：中国人第一次被教会说谎是在作文中。此后，一篇名为"咱们小学时期的作文必杀结尾句"的网络民调在网络走红。

"同学们看着清洁的教室，擦着额头上的汗水笑了。"（用于描写大扫除之后）

"小朋友，谢谢你，你叫什么名字？"答："我叫红领巾。"（用于扶老人过马路等好人好事之后）

"在夕阳的余晖下，我们依依不舍地离开了公园，我会永远记得这快乐而有意义的一天！"

"买东西的时候阿姨多找了两角钱。低头看到胸前飘扬的红领巾，就退回去了。"再然后就是："我低下头，发觉胸前的红领巾更加鲜艳了。"……

从这些经典的作文"必杀结尾句"来看，几乎都是假话、空话、大话、套话。要么把赞美对象拔高得一尘不染，要么把自己贬低得一无是处，一高一低间赤裸裸地显出大量谎言倒显不出"说真话、诉真情、做真人"的教育效果，不能不令人担忧、深思。

按常理，孩子身上具有健康、纯净的天性，童心无埃、童言无忌，说的是真话，不懂欺骗。在童话中，孩子也被塑造成唯一敢于说真话的人。在著名的《皇帝的新装》中，安徒生让一个孩子说出了真话。安徒生称赞孩子的声音为"天真的声音"，这是对的。中国的一位作家也认为："天真，这是我心目中对生命的最高审美了。"

可是现在，孩子们在作文中大段大段地说谎，从小学一直说到高中。说谎的作文如此盛行无阻，俨然新时代的"谎言八股"。不是说文以载道吗？不是要求孩子们的作文"思想向上"吗？孩子们却用美好的汉语练习说谎，直到圆熟自然，直到变成一种思维模式，直到童心上也惹了尘埃，童言里也有了种种顾忌。如同童话中的匹诺曹因说谎而长出怪异的鼻子和耳朵，却没有机会变回原样、重返本真，这难道不是世间最令人痛心的事情吗？

泰戈尔曾说：在人生中童年最伟大。后来又有很多人号召我们"向儿童学习"，因为童年教会我们的高尚、善良、温情、正直与诚实最多最丰盛。可是这样的号召在今天是不是显得有些无力？我们不但不会向儿童学习，而且惯于对儿童进行成人化的塑造。孩子的童年被缩短，孩子的天真被剥夺，孩子的言谈举止更像早熟的大人。当孩子不再是孩子，而像我们一样说谎造假，我们还学什么？还能学什么？也许"向儿童学习"在目前不是最重要的，"救救孩子"，鼓励他们说真话、做真人才是最重要的。

在谎言处处的世间，孩子们其实是最缺乏安全感的。他们被迫跟着大人们一起说谎，拿谎言来迎合谎言，才会得到暂时、荒谬的安全感。但当孩子们学会了说谎；甚至把说谎变成一种潜意识和本能，一切的教育都变得毫无意义，一切的安全感都会变得不堪一击。因为我们不知道究竟还有什么能够安顿一个人的灵魂，能够捍卫我们共有的信仰。

（羽　衣）

成功的开始往往有点儿"酸"

有一天,俄罗斯剧作家克雷洛夫在街上行走。忽然,有个年轻的果农走上前来,拦住了他的去路。果农拿着一个果子,向克雷洛夫兜售。年轻人腼腆地对他说:"先生,请你帮忙买些果子吧!不过,我要老实告诉你,这些果子其实有点酸,因为这是我第一次种果树。"克雷洛夫见这个果农如此诚实,心生好感与疼惜,便买了几个果子,并对他说:"小伙子,别灰心哪!你以后种的果子会越来越甜的,我第一次种的果子也是酸的。"年轻人一听,以为遇到了"同行",连忙向他请教:"你以前也种过果树吗?后来呢?"克雷洛夫笑着说:"我呀,我收获的第一个果实,是《用咖啡渣占卜的女人》。不过,当时没有一个剧院愿意演出这个剧本。"

的确,有了开始,就意味着我们在向梦想的目标靠近。因为,有开始就有希望,不管最终的结果如何,付出行动就一定会得到或大或小的成果。世事万物都是按照这个简简单单的道理在运行,生命有了开始,才会有结满果实的一天。

不必担心未来的结果,只要仔细检查眼前的步伐有没有错误或失算，走一步便修正一步，那么总有一天能站得踏实又稳健。别害怕开始时的跌倒与挫折，就像克雷洛夫自我调侃的例子，当我们跨出第一步的时候，通常难免会遇到让自己难堪的窘境。但是只要不放弃、能坚持，我们就一定能品尝到努力付出所结成的甜美果实。人生没有太多时间让我们犹豫，凡事先行动了再说。唯有从行动的步伐中，我们才能不断发现错误、修正错误并累积成果。如此，我们才能正确无误地抵达梦想的终点。

（吴友智）

重视你的第一次交谈

人与人交往，第一印象非常重要。

普京第一次去见叶利钦时，还只是一个部门的普通办事员。那天部长叫他给叶利钦送一份文件过去。获得许可进去后，普京发现叶利钦正在打电话。叶利钦满脸愤怒，对着电话大吼大叫，然后砰地摔下电话。此时叶利钦发现了站在一边的普京，便问道："你是谁，有什么事？"普京自我介绍一下，说是来送文件的。叶利钦恼火地问："你没见我正在发火吗？为什么还站在这里？"叶利钦有个习惯，一旦发火，所有的手下都要避开。但普京并没有惊慌，老老实实地说："总统阁下，我奉命来送文件，我的上司要求我，一定要得到您签收的回执后，才能离开。发火是您的权利，可是，等待您签收，是我的责任。"叶利钦一听，点了点头，他接过文件，给了普京签收的回执。普京从容回去交差。

这件事给叶利钦很大的触动。从此以后，他就特别关注起普京来，直到后来把普京选定为自己的接班人。当记者问叶利钦到底看中了普京哪点时，他就直率地说，普京给我的第一印象是他的谈吐非常从容，回答问题恰到好处，从中我看出他有很好的潜质，既有冷静的头脑，又有钢铁般的意志。

所以，第一次交谈，有时有着决定性的意义。这是因为，别人对你的印象还是一张白纸，第一笔将画下怎样的内容，至关重要。如果你的话支离破碎，吞吞吐吐，言不由衷，那肯定给人一个软弱不堪的印象，使人失去对你的兴趣。如果你大言不惭，滔滔不绝，说得云山雾罩，那会给人牛皮通天、满嘴跑火车之感，就会认定你是个华而不实的人，虚过了头。所以怎么在第一次交谈时留给别人一个好印象，确实是种学问。

第一次与人交谈，我们遵循的基本原则就是两个字：适当。比如对方是个地位或其他方面高于你的人，你不要因为他比你强而过分谦卑，适当的谦逊是应该的，但过分谦卑就显出自己的渺小，反而不能平等地交流，置自己于不利境地，是自我损伤。但如果对方是个很平凡的人，某些方面你有优势，你也不能因此而趾高气扬、目空一切，说起话来长篇大论，甚至信口开河、自我炫耀，这样就会显出你的浅薄浮躁，从而让对方鄙视你，从而敬而远之。

你给人留下什么印象，除了你的表情和动作，还取决于你交谈的态度、方式和内容。只有彬彬有礼、不卑不亢、不张扬、不压抑、自然温和，才是最好的方式。而说话的内容，也要根据双方的身份、说话的场合以及具体的需要灵活地掌握。即使只是偶然碰见，打个招呼，也要恰如其分、以诚为本，尽可能地留给对方一个好印象。

重视第一次交谈，就是要端正自己的态度，锻炼自己的口才。好的态度，让人如沐春风，而好的口才，会使人心情舒畅，甚至是大长见识，心服口服。而当我们习惯了与人接触，能随时从容地交谈时，我们也就拥有了良好的心理素质和熟练灵活的口才。

（沈银法）

被自己所伤

英国有个17岁的少年,购买彩票竟中了200万英镑大奖。中奖后,他买房买车买豪宅,一段时间过后,他感觉自己在挥霍之中丧失了人生目标。于是他搬家远走,避居人世。谁料,不久之后他又患上了抑郁症。29岁那年,他死于豪宅之中。他说:"每个人以不同方式面对死亡,所有人终有一天会离开。"

我把这个故事讲给朋友听,朋友摇头说:"给你足够的钱,却不给你人生目标,再没有比这更残酷的事情了。"我说:"他是被自己所伤。"

在生存实践中,有时物质状态还远远供给不上我们内心的需求,我们还需要一种精神养料,那便是你无论处在饱和或者中空的地方,都能以自知的姿态,仰望属于自己的幸福。不让内心因欲望膨胀而裂变的怪兽扭曲自己的信仰,从而被自己所伤。

无独有偶,我打开邮箱,发现一个已毕业的学生发来的邮件。毕业后,他在广州一家公司做调研,每天都在广州各大市场里跑。和他一起工作的几个大学的毕业生,脑子确实比他灵活,懂得寻找各种机会怠工偷懒，他们每天工作得都很轻松，只有他傻愣愣的在那里像个拼命三郎。于是，他就去向他们取经。他的同事给他支招，让他走政策的边缘线，这样既可以保留职位，又可以不让自己受累。但我这个学生，天性善良，时间久了，他觉得内疚。于是，他问我的意见。我直言："你的确可以那样对待工作，在背地里忙里偷闲，在老板面前违心装点一下。但是那又能怎样，至多老板会觉得你在工作，不炒掉你，而你至多在那样的岗位上干一辈子。而你对不起的远不止是老板，你更对不起的是自己的良心。那样，你终究会被自己世俗的恶习所伤。"学生听后，面露愧色。之后，他重新做回了拼命三郎。当然，那段日子是艰苦的。现在，他告诉我，他已晋升为部门经理，而那几个给他支招的同事，仍旧是小职员。

有时，我们不能成功，除去外在因素的影响，很多时候是被我们自己所伤。哑剧演员卓别林说："以放大镜来看人生，人生就是一场悲剧；以望远镜来看人生，人生未尝不是一场喜剧。"可生活中，我们时常不愿意拿望远镜去看自己的人生，而只是很短视地拿着放大镜在清洗自己身上暂时的伤口，结果，成功最后流脓而亡。这是小聪明的悲哀，更是使用小聪明的人的悲哀。将我们的眼光放长远些，我们才能以更加清醒的姿态来从容应对当下的喜怒哀乐，也才能让自己走得更长、更久、更加辉煌。

（海盗先生）

我能给你什么

曾经参加美国内战的一位战士约翰·爱伦和英雄陶克将军同台演讲，竞选国会议员。大家都觉得这是一场闹剧，因为从地位功勋到社会影响力，他们显然不在同一个级别上。

陶克将军功勋卓著，他掩饰不住自己的得意："诸位同胞，在17年前的昨天晚上，我曾带兵在茶座山与敌人激战。经过激烈的血战后，我疲倦万分，在山上的丛林里睡了一个晚上，可我竟恍然不觉！请大家不要忘记那风餐露宿而屡建战功的人！"陶克将军的战绩，令台下掌声四起。

轮到爱伦演讲时，他说："同胞们，陶克将军说得不错，他确实在那次战争中立了奇功，我们都难以忘记！"大家在喝倒彩，他怎么能表扬陶克将军的功绩呢？

等大家安静下来，爱伦继续演讲："当时，我只是陶克将军手下的一名无名小卒，替他出生入死，冲锋陷阵。这还不打紧，当他在丛林中安睡时，我必须携带着武器，站在荒野上，迎着刺骨寒风来保护他！如果我当选议员，我将像保护陶克将军一样来保护大家！"

爱伦的话音刚落，选民们就马上报以更加热烈的掌声。无疑，士兵爱伦竞选成功。

其实，能打动人心的，并非是你耀眼的功绩。爱伦虽然地位卑微，但是他有一颗为大家服务的心。正是这一点，打动了大家，所以他最后取得了成功。

（彭龙富）

将"成功"从你的字典里剔除

青年歌手朴树在一个大型音乐颁奖晚会上只说了一句话：我没有想到今天能走到这里来领奖，我不过是把自己的歌唱好罢了。透过朴树的话，我们可以悟出一个道理：不盯着结果的人最先摘果。

这个真理在很多名人身上都得到了印证。比如，美籍华人杨志远出于对网络事业的热爱，退学创办了雅虎网站，一心一意只想着办一个最好的门户网站，结果，雅虎成为世界知名门户网站。再比如"网络大少爷"丁磊为了给网民提供一个上网交易平台，辞职创办了网易网站，现在网易已成为国内网上交易重要平台。

要想杰出，得先付出。在成功学里有一个有名的杜拉克定律：如果从你的字典中将"成功"这个字眼剔除，换以"贡献"的话，那么你最终可以取得真正的事业成功。一个人，当他并不在乎是否能获得财富、荣誉，一心想着为社会带来便利和好处时，他才能一心一意地在选定的事业上默默奉献。

一位风险投资家说，他在选择投资对象时，首先要考虑投资对象的心态，对方是一心想赚钱呢，还是想做大事。如果投资对象只想着赚大钱，那么，他就会为了赚钱而到处募集资金，而不考虑其他；只有想做大事的投资对象才会在融资时考虑好给顾客带来什么好处，给投资者带来什么样的回报。风险投资家当然是选择做大事的人作为自己的投资对象的。这位投资家从另一个角度告诉我们：只有先为他人着想的人，才能无羁无绊地走在同行的前头。

美国福特汽车公司的创始人老福特创业时，轿车还是贵重消费品，一心想着要造最便宜的车给美国人开的老福特，设计了世界上第一条汽车流水生产线，通过规模化生产降低成本，福特汽车很快以低于同类产品两成以上的价格走向市场，迫使其他轿车不得不降价销售。日本的松下幸之助也是一心想着要让顾客像使用自来水一样可以很便宜地买到他制造的电器产品，创办了松下电器公司，造出了很多价廉物美的电器。因为懂得为顾客着想，两人都成为划时代的企业家。

二十年前，上海有一个小学生，在作文中说他将来的志愿是当小丑，因为小丑这种角色在舞台上很难演，需要投入更多的激情，掌握更多的技巧，比其他角色更具挑战性，而一旦演好了，给观众带来的欢笑也更多。虽然同学们都嘲笑他，说他胸无大志。但是他的老师和父母却很理解，鼓励他报考戏曲学院，使他有机会系统地学习了小品表演艺术。这个小学生后来成为一名不错的小品演员，在长三角一带小有名气。

耕耘过程中的喜悦，远胜于摘果时的欢欣。现实生活中，大部分人都在为"果"而工作，有的人是为了赚钱才卖力干活，也有的是为了地位、荣誉而辛苦工作，其内心里并不一定喜欢自己的工作。有了太多的名利意识，就很难充满激情地对待工作，这样，不仅工作过程中不会快乐，工作成就也无法与那些全身心地投入工作、不求名利者相比。对那些取得大成功的人来说，成功只是副产品，因为他们已经在过程中收获了耕耘的喜悦。

（廖仲毛）

你不必是个特殊的人

今年17岁的沃森是生长在澳大利亚昆士兰州的一个小姑娘,她从小就对航海有一种渴望,期待某一天自己可以独自驾船进行环球航海。

沃森有一个伟大的航海计划:从悉尼北上,经新西兰以北海域,再南下绕过南美洲合恩角,横渡南大西洋,绕过非洲好望角,最后返回澳大利亚,环球行程达2.3万海里。然而当沃森提出要独自环球航海时,却在澳大利亚引发了一场争议。有人说她年龄太小,又是女孩,不适合独自驾船出海;有人怀疑她的航海技术和意志力远远达不到要求;还有人说,让她环球冒险等于把她送上不归路。最后,昆士兰州政府和海事安全部门登门拜访,希望沃森放弃航海决定。但沃森和她的父母都表示坚决不放弃,他们坚信沃森完全有能力在没有任何外力援助的情况下进行不间断的环球航行。

2009年10月18日,沃森独自驾着10米长的小帆船出发了。航程中,沃森经历了狂风巨浪。肆虐的狂风曾撕破船帆,10多米高的海浪甚至抛起她的小船;沃森忍受着寂寞和黑暗,与外界唯一的联系途径就是卫星电话和电子邮件；她吃着饼干类的食品，没有菜，只能抹点澳大利亚人情有独钟、又苦又咸的调味酱；她的小船被海水反复"洗礼"，她自己就像整天住在"洗衣机"里一样。尽管条件如此恶劣，但是沃森的决心从来没有动摇过，她以坚强乐观来应对重重考验。每次穿过暴风雨，她都会有一种成就感。就这样，沃森驾驶着小船不停靠、无支援地在海上航行了210天，共2.3万海里。

2010年5月15日，沃森驾驶着她的粉红色帆船，驶进她这次旅程中的最后一站——悉尼港口。她已经成为全世界在无外界帮助的情况下，完成单人、不间断环球航海的最年轻的人。很多市民特意驾船出海迎接沃森，并向她欢呼喝彩。妈妈朱莉看到女儿归来，泪流满面地说："她说过要环游世界，现在她做到了。"澳大利亚前总理陆克文也赶来迎接沃森，并且说："你令我们国家感到骄傲，你是澳大利亚年轻人和澳大利亚少女的英雄。"但沃森却说："我不同意总理的说法。我不认为自己是个英雄，我只是一名普通女孩，一个相信梦想的女孩。"由于世界航海协会的最低年龄限制为18岁，所以沃森的航海纪录将不被承认。面对这一点，沃森更是泰然处之。她说，能否列为世界纪录并不要紧，重要的是把自己想做的事情做好。

坚守梦想就像一束光，不断地指引着前行的方向。小小的沃森曾这样说："想做成一件令人震惊的事并不难，你不必是一个特殊的人。你只需一个梦想，坚信它，并为它努力奋斗，那么就没有什么是不可能的。"正是在这个信念的支撑下，沃森完成了这次艰辛的海

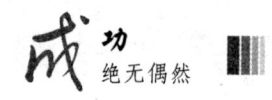

上航行。

的确，梦想会赋予我们面对困难的勇气和力量。而这，才是我们在为沃森欢呼的同时，所应收获的最宝贵的财富。

（紫贝竹）

成功的第一秘诀

美国耶鲁大学曾有一位大学生因为相貌丑陋,而被她的同学们暗地里评为最愚笨、最不招人喜欢的姑娘。她也因此整天沉默寡言,情绪低落忧郁。她的父母很担心,就去咨询当时著名的心理医生戴恩博士。戴恩博士听完这位大学生父母的描述后,笑着说,你们的女儿没有病,回去吧,过一段时间就会好起来的!这位大学生的父母刚离开,戴恩博士就联系上了耶鲁大学的一位负责人,说明了情况,并提出让这位大学生的同学们都努力改变以往对她的看法。

以后的日子里,大家都争先恐后地照顾这位姑娘,陪她逛街,赠送礼物给她。大家以假作真地打心眼里认定她是位漂亮聪慧的好姑娘。一年后,意想不到的奇迹发生了:这位姑娘出落得亭亭玉立,热情活泼,能力非凡,和从前简直判若两人。她高兴地对人们说,她获得了新生。这位大学生叫米洁·艾苇尔,现在是美国马里兰州一名出色的行政管理人员。

其实,她并不是变成了另外一个人,而是因为周围的人都相信她、爱护她,从而令她逐渐认可了自己,获得了自信。可见,生活

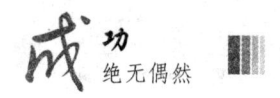

中的许多问题、困难，实际上很大程度上都源于我们自己的信心不足。而一旦获得了自信，许多问题便将迎刃而解。正如爱默生所言："自信，是使人走向成功的第一秘诀。"

（曹卫华）

改变麦当劳的清洁工

他是贫苦人家的孩子。为了生计，15岁那年他不得不离校谋生。因为平时饥一顿、饱一顿的，所以他营养不良，整个人显得弱不禁风。

在同学的建议下，他来到麦当劳应聘服务生。他想麦当劳的活不太重，身体的瘦弱不会成为别人拒绝的理由。可是，事实并不像他想象的那样。麦当劳的店长看到他这副模样后，便直接拒绝了他的要求。

他不甘心，恳求店长能让他留在店里干活，不要工钱，只要有顿饭吃就可以了。店长脸上露出为难的表情。刚好，此时一个顾客从卫生间里走出来，一直在埋怨店里的厕所怎么这么脏还没人处理。他顺势接着说，要不就让我扫厕所吧，厕所太脏会影响店里的生意。店长耸耸肩，表示可以让他试试。

第二天，他开始工作。厕所确实很脏，散发出难闻的气味。为了不影响顾客用餐，他把自己关在厕所里打扫卫生。当第二天下班的时候，店长特意去厕所考察了一番，发现厕所确实干净了。为了能够提前给顾客创造一个干净整洁的环境,他又申请住在店里,这样有更多的时间可以打理厕所。

每天清晨天还没有亮他就起床,把厕所彻底清扫一次。然后每隔一段时间就去维持。他还在厕所里摆放了花草,以便让人们在厕所中也能够欣赏美。另外,他还把自己记得的谚语警句写出来贴在厕所的墙上,这就增加了其中的文化气息,可以让人在上厕所的时候,也能够感受到文化的魅力。他把所有心思都放在了厕所上。他的到来,让那家店的厕所"比那些讲究的餐馆还要干净"。这同时也为店里带来了更多的客源。而这一切被这家麦当劳的老板——麦当劳在澳大利亚的奠基人彼得·里奇看在眼里。经过三个月的考察后,里奇与他签署了员工培训协议,把他引向正规职业培训。培训结束后,里奇又把他放在店内各个岗位进行锻炼。经过几年的锻炼,他全面掌握了麦当劳的生产、服务、管理等一系列工作。19岁那年,他被破格提升为澳大利亚最年轻的麦当劳店面经理。

对于一个贫苦人家的孩子,年纪轻轻就当上店面经理已经很不容易了。但是他并不满足这样的成绩,在接下来的8年时间里,他把麦当劳在澳大利亚的连锁店从388家增加到683家。而他也从一个店面经理晋升为麦当劳澳大利亚公司副总裁,29岁时就成为麦当劳澳大利亚公司董事会成员。

2002年底,他被麦当劳总部提升为首席运营官,负责麦当劳公司在118个国家的超过3万家麦当劳餐厅的经营和管理。

他就是第一位非美国人的麦当劳掌门人，担任麦当劳公司全球总裁兼首席执行官的查理·贝尔。

扫厕所其实只是贝尔职业生涯的开始，这和成功之间好像没有什么关系。其实，成功之路的开始恰恰是最关键的，如何做好第一份工作，即使是扫厕所也一样。如果你能把扫厕所这份工作做到最好，那么成功的大门其实就已经向你敞开了！

（鬼手佛心）

做没面子的工作

吴佳大专毕业后,学校帮忙联系到一家电子公司,同去的有十几个同学。因没有工作经验,能够胜任的岗位很少。很多同学选择了做文员,整天坐在一尘不染的办公室里,既时尚又有面子。吴佳却放弃了轻松的文职类工作,主动申请到车间做一名流水线操作工。同学好心劝她,初中生都可以胜任操作工,一个大专生下车间?那工作又脏又累,工资也不高,说出去简直丢脸。

吴佳只是笑笑,并不争辩,当天就办好一切手续,坐到流水线上了。刚开始什么都不会做,她就虚心地请教组长和老员工,学着用烙铁、打螺钉,这些看似简单的工作,真正做起来却也不容易,手经常被烫伤,一天下来,腰酸背痛,晚上还经常因赶货而加班。

一个月下来,吴佳瘦了一圈,而且,那么辛苦地天天加班,还没有做文员的同学工资拿得高。不过这一个月下来,她学会了不少东西,很多产品已经能够独立完成了。因为学的是电子专业,又肯下功夫钻研,很快,吴佳就成为车间的技术好手,比那些干了一两年的老员工懂的东西还要多。车间主任觉得她是个好苗子,就把她提拔为线长。过了四个月，现任组长调岗，她便接替了组长的工作。

一年后，车间统计员辞职，吴佳又毛遂自荐要去做统计。这回，不但那些同学不理解，连车间主任都觉得这女孩挺傻，组长虽然是最小的"官"，好歹也算管理人员。人家都说人往高处走，怎么她尽往低处走呢？不管别人怎么劝怎么讥讽，吴佳就是铁了心要调岗。车间主任摇着头，还是给她办了调岗手续，毕竟，以她的能力，做统计员是绰绰有余。

可是，不到三个月，因为有个计划员请产假，吴佳又主动要求调到计划部。因为吴佳在车间做过，对产品和生产流程都熟悉，而且有做文职的经验，这些正是一名合格的计划员所需要的。车间主任也觉得她做统计员挺浪费，很爽快地答应放人，于是，吴佳成了一名计划员。

每份工作都有许多需要学习的地方，为了尽快适应新工作，她一天到晚跑车间，查资料、查生产进度，比任何人都忙，连走路都是小跑的，手机24小时开机，随叫随到。

一年下来，吴佳已经成为一名出色的计划员，深得领导赏识，在年初的任命会上，她被任命为计划部电声组主管。那么短的时间内升为主管，很多人暗暗佩服吴佳的好运，但是吴佳知道，和另外四位资深的主管比起来，她还有很大差距，必须尽快赶上去。

因为她进公司不过两年多，而且是从操作工提升上来的，刚开始，很多人根本不拿她的话当回事，她不愠不恼，也不做杀一儆百

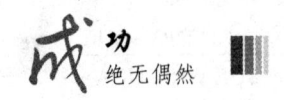

的事，只一心一意扑在工作上，做好自己该做的事，尽到自己该尽的责任。结果，半年以后，她就成为下属敬服的主管了，同事都说这小姑娘不简单。

现在，吴佳已经在这家公司服务了整整五年，从当初的操作工到组长，再到统计员、计划员、计划主管，最后，一直做到计划部经理，拿十万年薪，成为名副其实的金领。而当初和她一同进公司的那些同学，依然做着文员的工作，拿着两三千元的薪水，清闲着平庸着。

吴佳的经历对所有初入职场的人都有很大的启示，对于刚从学校毕业缺乏工作经验的年轻人来说，一份工作是不是有面子并不重要，重要的是，这个工作是否能够让你不断地得到提升。

（汤小小）

成功应聘者这样表现

我曾经是一个大公司的人事主管,应聘成功的人知道怎样展示自己的实力;知道如何让招聘方看到他们的价值。

一、黛安:何妨做点分外事,为公司提供免费咨询

那一次,黛安是第七位应聘者,我认为她前面的六位应聘者都不适合当内部沟通部主任。虽然从她的简历上看,黛安曾在一个高端的咨询公司工作,但我仍然担心她不符合我们公司的要求。黛安说:"我认为传统的、自上而下的沟通方式在你们公司是行不通的。""那你认为怎样做才合适?"我问。黛安提出了新的沟通模式,我们谈话结束时,已经定出了沟通计划,黛安俨然成了我的顾问。

启示:用应聘的时间了解公司的商业情况,不要被动地回答问题。人们喜欢雇用那些真正能帮得上忙的人,而不是那些只会听话的最温顺的人。

二、约翰：来自麦当劳，照样成为成功人士

二十几年前，约翰来我们公司应聘客户服务工作。那时我们都只是二十一岁，约翰刚刚大学毕业，之前在麦当劳工作。我说："你能否跟我说说麦当劳的情况？"约翰说："简直不敢相信，他们知道每家店前一天的销售情况，并根据这些情况制订第二天的销售计划，所以配送中心每天只给我们送刚好够用的食品。他们的反馈机制真的非常完善，其信息的畅通程度让人敬佩。"

我懂得了，约翰的很多同事在每天重复送汉堡的时候，他却研究了公司的运作。他看到了餐馆的服务和赢利能力之间的重要联系，并在应聘时跟我分享。约翰得到了那份客户服务工作，今天他已经是一个商业研究组织的领导。

启示：不管你从事什么工作，你都可以从中学到有用的东西。不要只是日复一日地重复别人安排你做的活，要利用你的工作来提高能力，并能跟别人分享你从工作中学到的东西。

三、艾丽斯：不怕展示自己能干

艾丽斯曾经去新泽西的学前学校应聘课程协调员的工作。那个学校的人事主管很喜欢艾丽斯真诚的沟通方式和艾丽斯的管理学专业背景，但她一下子还不能决定要艾丽斯。她说："我们这里每天的工作很多，而且规定要在短时间内完成。"艾丽斯说："我可以做

到。"那个主管让艾丽斯去完成一个记录该地有竞争力的学校信息的电子表格。艾丽斯立即上网查找，接着在一个小时内打了十几个电话之后，艾丽斯完成了一个详细的电子表格，列出了该学前学校的竞争对手，其中包括哪年建立、师生比例是多少、课后有什么活动、学费多少、班级人数多少。她得到了那份工作。

启示：不要怕，大胆展示你的才干；不要光说，你可以为未来的老板先干点活。

四、戴维：也许自己不在行，但有办法帮到雇主

戴维来我们公司应聘高级工程师职位，面试时，他说："我对你们公司的研究方向很感兴趣，但我觉得自己对你们公司的硬件方面不大熟悉。我有个朋友在硬件方面很在行，我想叫他看一下，让他说说他对改善你们公司的硬件的想法。"我们接见了戴维的朋友，后来，我们同时招聘他们两个人进来。

启示：不要怕露出自己不够在行的一面，只要诚心帮老板，你就会得高分。

五、迈克尔：不怕说真话

迈克尔来应聘主管培训的副总裁，他曾经在通用电气公司当培训专员。我问他："我不知道为什么你要来我们这里应聘，你以前在世界著名的公司里工作不好吗？"迈克尔说："我要为伟大的人工作，

我以前是让一个出色的引擎运转，在这里我要打造我自己的引擎。"我说："我明白你的意思。可是，我们这里的工作怎么会适合你的职业规划呢？"他说："我想成为大公司的首席运营官。"我想，他的理想就是我现在的职位。不过，自信的人会雇用比自己更聪明、更自信的人。

启示：说出事实，说真话，会让你的竞争对手折服。

六、珍尼弗：做一个什么样的人，比在什么地方工作更重要

在公司举行的一次网络活动中遇到珍尼弗，几个月后又在另一次活动中见到她。在技术工业不景气的时候，珍尼弗失去了程序员工作，她开始经营化妆品沙龙。我再次见到她时，她容光焕发，便跟她谈起了工作，并且建议她换工作。她说："一个人事经理可能因为我失去了程序员工作而看不起我。"我说："一个明智的人会看到你是个有勇气的人，会看重你不知疲倦、灵活善变的优点。"在我的劝说下，珍尼弗辞掉了化妆品沙龙经理的工作，做了时髦商品市场的营销员。做了一年的市场营销之后，她申请来我们公司的市场部工作，我们招聘了她。程序员、沙龙经理、市场营销员，敢变换为什么不变换？

启示：网络像朋友，有利于你找工作了解你从事的工作的人可能对你的职业有指导，因为比起两页简历，他们更了解你，你的思想、你的价值观。

七、克里斯帝娜：敢提出自己的需要

克里斯帝娜来我们公司应聘人力资源部的一个领导职务。她说："我原来做的公司以灵活著称，但那是个咨询公司，我在那里就只能做咨询。我希望这个公司比我以前那个公司更有利于家庭。"我说："我们还从来没有碰到过有人这样要求，我没有小孩，我的很多同事也没有小孩。"克里斯帝娜说："以后你们会有，到时候你们就知道照顾家庭的重要了。"克里斯帝娜得到了那份工作，两年后，我们都生了男孩，两个孩子的生日只隔一个星期。

启示：勇于让老板知道你的需要，没有哪个老板会看重一个完全不考虑自己利益的员工。

八、萨丽：看到自己的价值

萨丽走进来的时候我有点吃惊。那个星期我已经面试了二十个人。当时萨丽超过六十五岁了。作为一位年轻的主管，我还从来没有面试过一个年纪比我大那么多的人。萨丽一见面就说道："你可能看到我年纪这么大就以为我没法胜任这份工作。"我赶紧否认。但萨丽接着说："我看到你们公司有那么多精力充沛的年轻人，很羡慕他们。但我也觉得单单精力充沛还不够，还要有生活阅历。年轻人来这里干不长时间，但我会坚持下来，我喜欢客户服务工作，我喜欢向别人解释。你会发现，客户喜欢在电话里听到我这种成熟的声

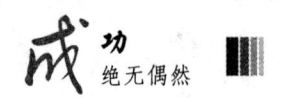

音。"萨丽得到了那份工作，并且很快就成了公司最优秀的员工之一。

启示：从老板的需要去看问题。"我需要工作"没有说服力，"你需要我这样的人"才有说服力。

（韦华明　编译）

三招培养出耐心

以前工作时，认识一位知名的动物摄影师，他总能捕捉许多叹为观止的画面，像狗与猫嘴对嘴亲吻、小北极熊在洞穴出生、麻雀在鱼头上玩耍、小狗在空中跳跃舞动、鲸鱼吹气泡等。每幅照片，总能带给人惊奇的感受。

很多人问他，究竟是如何做到的？他笑笑后说："其实很简单，我只是等待而已，每个镜头，我至少等了一天以上才拍到。如果你愿意坐那么久，不会觉得无聊，你也拍得到啊！"

我很认同这位摄影师的要诀，事实上，一个成功的人通常都具备耐心的特质，他们心平气和，愿意比别人花更多的时间等待，最后总是能出现好的结果。

事情的进展，就像播种，种子如要发芽茁壮，有一定的天数，它们需要慢慢地吸收养分，才能枝繁叶茂，绝对无法早上播种，晚上就开花。这是一个非常简单的道理，在任何方面都适用。无论世事如何变化，只要有耐心，绝对可以掌握它的节奏，成为命运的主宰者，而非被宿命操控。比如说，投资股票，就需要有耐心，不要短线杀进杀出，只要摆得够久，长期下来通常能获利。想要获得事业的成功，同样要有耐心，脚踏实地进行每个步骤，不断充实、增进技能，才能在社会上取得一席之地。

即使遇到了挫折，更需要耐心以对，用冷静的心态面对失败，并从错误中学习，一次又一次地站起来。到最后会发现，以往的不如意都是迈向成功的踏脚石。

不过，很多人毛躁行事，无法等到时机成熟，即刻忙行动，通常这样做的结果都不会太理想。像有的男生，追女生时立刻表明心意，天天送鲜花巧克力，甚至还跑到人家门口守候，完全不管双方是否熟识，这种举动，很容易吓跑女生。冲动毛躁的人，做事缺乏理智，容易陷入错误的行为模式，而且会不断地加深。他们像在迷途中开车，虽然花了许多精神，也消耗大量的燃料，可惜的是，离目的地越来越远。

我们的社会，充满了这类耐心不足的焦虑意识，也造就了国人短视、急功近利的心态，任何事只想求速成，看不到更远的方向。最简单的例子，瞧瞧马路车况，只要红灯亮起，总是有车不顾应该停车的规定，硬是横冲十字路口，想节省一两分钟的等待时间。不过，这也是最容易发生车祸的时间点，因为另一边的车子看到绿灯亮起，如果立刻起步，非常容易和闯红灯的汽车相撞，若事后追究责任，必定会归咎于那位乱闯红灯的司机。为了短短几分钟，日后要花更多的时间来收拾残局，绝对是不明智的。

可惜的是，很多人未曾分析过其中的利害得失，还是习惯蒙着头乱冲，最后倒霉的，肯定是自己。

耐心对待生活，有非常大的帮助。不过，耐心的特质并非天生，需要通过后天的训练才得以生成。

第一个做法，是培养自己的抗压性，因为耐心程度和抗压性息息相关。我平时会在疲惫的状态下，仍要求自己继续工作，如同忍者一般。这样做，可以提高身体对外在痛苦的忍受度，一旦能适应这种不利的环境，将能舒缓心情，稳定性也会增加。很多公司主管批评年轻人像草莓，无法承担压力，就是因为他们的历练少，平时养尊处优，当面临不舒服、不适应的情况，就会立刻躲开。其实，这是很可惜的，因为他们不愿吃苦，也自我隔离了许多可以成长的机会。

第二个做法，是运动。我每天早上起来，会去附近的公园运动，跑个两千米再工作。因为运动可以增强体能，提升专注度，以更高的效率处理事情。运动也有助于舒缓压力，使心情更加开朗。此外，运动能增强毅力，一个天天跑五千米的人，绝对比不爱运动的人更愿意克服困难，而不会轻易放弃。很多企业家，不管多忙，都会抽出时间运动，因为他们很清楚运动的好处，除了保持活力，可以让自己的心情稳定下来，不会急躁，也不会被压力拖垮。

第三个做法，是避免恶习。像抽烟、喝酒、熬夜这些习惯，我绝对不会养成，因为许多不良的习惯，会影响身体机能，让自己无法作出正确的判断。当这些坏习惯出现后，容易让人好逸恶劳，对事情无法坚持。在演艺圈内，常传出艺人吸毒被逮捕的新闻，他们通常会说，因为生活压力大、没有创作灵感，所以必须要吸食毒品，整个人才有办法运转，事实上，他们完全说反了，就是因为碰了毒品，人生才会陷入无法自拔的深渊。不管是什么不好的习惯，都要尽早改掉，才能让自己步向光明的坦途。

这些做法都很简单，不过，却有效地让我心情稳定下来，不容易烦躁，即使碰到状况，也不会慌乱，而能沉着以对，最后，都可以想到解决的方法，渡过难关。

我相信，耐心的人，可以不畏挫折，一步步地朝目标前进，最后终能解决问题并获得成功。具备耐心，这绝对是值得我们努力的方向。

（王贞虎）

自信者就是成功者

一位教授站在课堂上，面前是他的30名学分子化学的大学四年级学生。

"我在这学期担任了你们的导师，我知道你们为了这次考试付出了多么艰苦的努力，我很清楚你们为了得到高学分而承受的学习压力，也知道你们所有人都有能力理解考试的内容，所以，我准备给你们当中所有放弃参加这次终考的同学一个'B'。"

课堂上传来欢呼声，一些学生从椅子上跳起来感谢着教授的理解，然后走出了教室。教授看了看剩下的几名学生，继续说道："还有人愿意接受这个得分吗？这是你们最后的机会了。"又一名学生离开了教室。

最后有七名学生留了下来，教授关上了门，然后给这几名学生发试卷。学生们拿到试卷后，看到上面只有两句话："祝贺你，你在本次考试中得了'A'。永远保持你的自信。"

我自己从没遇到过以这种形式给分数的教授，这样的考试乍一听似乎很容易通过，但也有其残酷的一面，那些学习优秀，只是缺少自信的学生至多只能得一个"B"。

生活就像是一所大学一样，能够得到"A"的那些人会对自己所做的事情充满自信，因为他们既能从成功中学到经验，也能从失败中学到教训。他们吸收了生活中的所有知识，这些知识有的来自于学校的教育，有的来自于亲身经历的惨痛教训，从而使他们成为了更优秀的人。

不要让一些自我限制的观念成为了真正的你自己，而应该记住首位登上珠峰的埃德蒙·希拉里说过的一句名言："我们征服的其实不是一座山，而是我们自己。"

自信来自于知道自己做事情的真正能力。棒球超级明星米基·曼托一生里在击球中一共曾出现过一千七百多次的失误，但这并没有影响他成为棒球场上出类拔萃的运动员。他相信自己，也知道他的球迷们会相信他。

为了保持自信，你应该多接触那些富有正面情绪的人——他们知道拥有信心的重要性，并会帮助你把目光聚焦于你有能力做成的事情上，而不是那些你无法完成的事情上。人以群分，你与什么样的人为伍，就会成为什么样的人。

永远坚持学习，我在每一次写专栏文章时都会强调这一点，因为它非常重要。并且不能把自己的知识只局限在与工作有关的领域里，而应该尽自己所能地学习各学科的知识，这样，当你想用这些知识说出自己的想法时，你才能表达出来。

自信不等于一切以自我为中心，如果你希望别人相信你，那么你也要能够相信别人。你应该清楚地知道，你身边的人也有很多事情可以做，你有理由去帮助他们实现梦想。没有对自己和他人的信心，成功是不可能实现的。

一天，在一支橄榄队特别糟糕的训练结束后，教练让队员们解散，并朝他们喊道："你们这些笨蛋，先回去冲个澡吧！"队员们大部分都按教练的吩咐回去了，只有一名队员走向了更衣室。教练盯着他，问他为什么还不走。

"你说的是让笨蛋走，先生。"这名队员回答，"我们当中确实有很多人是笨蛋，但我不是！"

对他人的信心也是对自己的信心，希望你能够拥有这样的智慧，那么有一天你就有资格担当那支球队的教练了。

（孙开元　编译）

竹竿为什么能拴住大象

有位驯象人从来不把大象拴在大树上，只把它用细绳拴在小竹竿上。许多人不理解，小小竹竿怎能拴住力大无比的大象呢？原来，在象很小的时候，它就被拴在上面，小象虽然拼命挣扎，却无力逃脱，最后终于放弃了努力，并形成一种观念：这竹竿是无法挣脱的。渐渐地，象虽然长大了，却再也没做任何尝试。

其实，拴住大象的哪是什么细绳、竹竿，而是"我无法逃脱"的信念，这就是心理定式。它是思维的一种倾向性，是长期形成的一种信念。想一想，我们思想中又有多少的"竹竿"在束缚着我们，令我们裹足不前！

有这么一个不争的事实：让一人平地起跳，他常常很轻松地跳出了1.5米的距离；而将他带到悬崖边，虽然两山之间只有1米的距离，他却不敢起跳。问题出在心理上：害怕，怀疑自己了，过多地去想不存在的失败，担忧自己可能会失误掉下悬崖，使他最终选择了放弃，成功又一次失之交臂。心态是我们真正的主人，它能使我们成功，也能使我们失败。

事实上，有些事人们之所以不去做，只是因为我们认为不可能。而许多的不可能，只存在于人们的想象之中。

古代有一位国王，它把几个儿子带到一座巨大的石门前，对他们说："谁能推开这扇门，谁就继承王位。"王子们望着巨大的石门，都摇摇头放弃了。只有最小的王子走过去，用力一推，门就开了，就这么简单！

心理的"封条"压在人们的心头，如一座大山，其实也就是一张纸，轻轻一碰就破了，所需要的只是一点勇气和行动，取而代之的将是一个崭新的世界！

现在的人生成长过程中，无论是个人、团队，还是集团，似乎都在完整的系统里面，在规则里面生存，在系统里面去做自我对接和调整。我们似乎都在准确当中去发现准确，所以我们就在自己的行业里不断地左突右冲地改变着什么。

当然，不是每一次奋力一搏就能取得成功，有人说"成功者就是比失败者多站起来一次"，有过坎坷经历的人往往更具魅力。

哈佛校长曾说过，"我们只教给学生四个字——信心、方法"。这是想与做的完美结合，树立信心、方法无误，还怕做不成事吗？"前不久，牙买加人博尔特上演震惊世界的一幕，以9秒72的成绩打破同胞鲍威尔保持的9秒74的百米世界纪录，成为新的百米之王。有人问过这位"百米王"："你每次能感觉到来自对手的压力吗？你不紧张？"博尔特淡淡一笑，说："我要超越的不是对手，是自己，

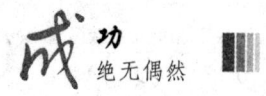

发挥自己的潜力是我追寻的目标!"

其实,成功者在做事前往往也不是有100%成功的把握,但他有良好的心态:遇见了困难不言放弃,发挥自己的潜力,甚至竭尽全力,孤注一掷。重要的是,要让"我能""一切皆有可能"成为自己坚定的信念。一个人要成功,一定要打破现有的模式,开创新的模式。成功的人都敢于挑战自己的模式,我们又有什么不能呢?跳出自己的框框,成为自己的主人,创造自己的明天吧!

(吴友智)

制怒有益也有法

每一个思维正常的人遇到不痛快的事,都难免要发点脾气。喜怒哀乐,人之常情,原也无可厚非。不过,不知道适当地控制自己的感情,盛怒之下,做出傻事、蠢事,做出过后连自己都后悔不及的事来,则是十分要不得的。

笔者发现在一些人办公桌的玻璃板底下或床头常常可以看到"制怒"二字,意在提醒自己:不要发火。在这个问题上,严格要求自己,加强思想修养是完全必要的。清朝官至两广总督的林则徐,有一次,他在处理公务时盛怒之下,把一只茶杯摔得粉碎。但他猛一抬头,看到自己的座右铭"制怒"二字,意识到自己的老毛病又犯了,立即谢绝了仆人的代劳,自己动手打扫摔碎的茶杯,表示悔过。林则徐虽然有时控制不住自己的感情,但他知道自己的毛病,随时注意克服,知错就改,这一点确也诚为难得。

《世说新语》记载着王述的故事,也颇有代表性。蓝田侯王述性情十分暴烈,一次吃鸡蛋时,用筷子去叉,一下子没叉住,他的火气就上来了,竟然把鸡蛋掷在地上,用脚去踩,其脾气之躁可想而知。但他与人相处时，却很注意克制自己的感情。有一次，另一个性情暴躁的人谢无奕气势汹汹地骂上门来，大吵大闹，当着王述的手下人说了很多十分难听的话，下人们都有些吃不住劲。而王述始终耐着性子默然面壁而立，一声不吭。谢无奕离去很久，他才转过头来问手下人："他走了吗？"手下人回答："走了好大一会儿。"他长吁一口气，转过身来，继续办自己的事情。

有些人脾气暴躁，但在涉及到自己和别人的关系时，却不滥用感情，不轻易对人发火。做到这一点，当然不易。首先，要尊重别人，即便是自己的下属、同事、亲人，也要尊重对方的人格。有些事情，盛怒之下不容易说清楚，那就先放一放，等气头过去后，再心平气和地坐下来谈。这样，就可以避免因感情用事而把事情办坏，把关系搞僵。

与人相处，不分是非曲直，动辄发火，这是一种不文明的表现。火气太大的人，应像林则徐、王述那样，要有自知之明，加强修养，注意"制怒"，平心静气，以理服人，不可放纵心头无名之火，像火柴头似的一擦就着，触物即烧。

当你大发雷霆时，不妨试试下面几招，看看灵不灵：坐下来，身子往后靠，站着跟人吵，会使人更加紧张；用冷水洗脸，可让人冷静下来，降低皮肤的温度，消除一部分怒气，不要钻牛角尖，总是想"这个人太讨厌了"或"我非得教训他一顿不可"，这样会使你更加愤怒而气上加气不能自拔，盛怒之下，不妨跟自己说"我就不信毫无办法处理此事"，这样，可以化愤怒为力量，设法找出解决问题的办法；话尽量讲得平缓一些，自己就会变得轻松起来，气随之也会减少；自我按摩肩部或太阳穴10秒钟左右，会有助减少怒气和肌肉紧张；赶快转变一下思路，想象一些轻松愉快的情景，例如风和日丽的天气，山清水秀的风景，鸟语花香中的感受，或闭眼几秒钟，这样就能"眼不见为净"，使你激动的情绪慢慢平静下来。

（李　燃）

要善于与新环境接轨

常听到一些刚刚走上工作岗位的青年发牢骚，抱怨说，我们那个单位如何如何不重视人才，领导如何如何古板，制度如何如何严格，不尽人情。还有些青年到一个单位没干多长时间就跳了槽，有的甚至在一年之内连跳几次，走到哪个单位都感到不顺心，不满意，到头来十分苦恼。

出现这样的问题，可能有两方面的原因：一是客观环境确实有一些不合理的地方，不如人意，影响人们的情绪；二是自身的适应性太差，一旦客观环境与自己的想象不一致就感到受不了，就灰心失望，怨天尤人。而后一个原因又是主要的。

所谓适应性，是指人们在新的环境中，发挥主观能动性，认识环境，顺应环境，利用环境，使自己得以生存和发展的一种能力。一般说来，人们的适应能力越强，在不同环境中生存发展的可能性越大，甚至在逆境中也能增长才干，创造奇迹，成为大有作为的人。特别是青年人从学校进入社会后，甚至在一生中，说不清要遇到什么样新环境，新情况，如果自身的适应能力差就很难在特定环境中立足、生存、发展，更不要说为社会做贡献了。因此，对于涉世未深的青年人来说，自觉培养和提高自己对新环境的适应性是十分必要的。从一定意义上说，适应性也是现代青年的一种必备的素质。

那么，如何培养和提高自己的适应能力呢？

1. 要善于调整自己的期望值，使之符合客观实际。

人们对新环境的适应性差，大都与其事先对新环境、新岗位的期望值定得过高、不切实际有关。当他们按照这个过高的目标接触现实环境时，就会产生一种失落感，感到处处不如意、不顺心，必然影响情绪，与环境格格不入。特别是刚出校门的青年学生，在学校学习的东西有很多是理想化了的，与现实生活有一段距离，他们对社会现实缺乏了解，往往雄心勃勃，一厢情愿把社会想象得十全十美，似乎他们所到之处都会鲜花铺地，大道平坦，事事如愿，一帆风顺。可是，当他们带着这种期望值走进生活之后，一看不是那么回事，与自己的想象差得很远。于是就灰心失望，转而怨天尤人，甚至一蹶不振。可见，期望值过高是造成不适应的原因之一。

因此，我们应正确确定自己的期望值，把期望值定得接近现实一些，甚至把它定得低一点，反而有利。当发现自己期望值过高时，则应及时加以调整，把它降低一些，使自己的眼光符合现实生活，这样一来自己就容易被现实接纳，自己的思想和行为也较容易与现实接轨，成功的希望也就大得多了。

2. 要有目的地约束自己，主动适应客观现实。

当自己对新环境不习惯的时候，最好不要首先埋怨客观，而应从主观方面想一想，看一看自己的认识、态度和方式是否有需要改进的地方，进而自觉地从自身做起，改变自己的旧习惯旧做法，努力去适应环境的要求。比如，有个青年分配到一家公司工作，一去就感到考勤抓得特别严，上下班要打卡，迟到一分钟要扣发奖金。他觉得太过分，受不了。后来他反躬自省，从自己身上找原因，感到之所以受不了，是因为自己长期以来过着散漫生活，养成了拖拉的不良习惯，才使自己不适应现代化的管理方式。这不是客观环境的问题，而是自己的毛病。思想认识提高了，感觉也就不同了，能够自觉克制自己，努力适应制度要求，反而不感到过分紧张了，一种遵守时间的新习惯很快形成了。

这个事例告诉我们，面对新环境，我们不能完全站在个人角度，以自己好恶为标准看待客观环境好不好，而应从大局出发看待环境，从发展的角度来看待环境。只有对客观环境有了正确的认识，才可能自觉地改造自己，适应环境。进而言之，面对新环境还有一个重新学习的问题。要有勇气把自己那些与新环境不合拍的旧习惯去掉，同时学习自己原来不懂的东西，学习新环境所需要的新知识，使自己与环境之间的矛盾、距离逐步缩小、消除，最终和谐地融于新环境之中。这样看来，青年人在学校学习的那些学问是很不够的。社会是一门大学问，是一本书。这本书只有到社会环境中用心去读才能读懂。而当我们真正读懂了这本书的时候，也就很自然地适应了社会的要求，成为新环境的主人。

3. 要发挥主观能动性，创造性地适应环境。

我们说适应环境绝不是消极地适应，它应是一种积极的姿态，也就是要善于发挥自己的主观能动性，有意识地利用环境中有利的因素，强化自己的个性，为自己的发展开拓更大的生存发展空间，进而在新环境中有所作为，作出更大贡献。这是一种更高层次上的适应能力。比如，有一位无线电专业毕业的大学生，被分配到一个新单位后，发现条件较差，而且专业不对口，领导叫他搞电工修理。可是他没有抱怨任何人，他想起码还没有离开一个"电"字，而且这里的领导是干事业的，对知识分子比较重视，这些都是有利条件。他就充分利用环境中的有利条件，对生产中出现的技术难题进行研究。他主动向厂长提出自己的革新设备的设想，得到支持，厂长为他划出专门经费支持他，不久他搞出了几项发明，他的才干得到了认可，被破格提拔为工程师。和他一起来的另一位大学毕业生就不同了，他因为专业不对口，想跳槽又找不到接收单位，整天愁眉不展，无所事事，领导经常批评他，群众反映也不好，一晃几年，业务上没有多少长进，还是一个普通的助工。从上述对比事例说明，在任何环境中都有可以利用的积极条件，就看你是否看得到，抓得住，如果你抓住了，就可以为己所用，不但能很快适应环境，而且还可以有所创造，最终成为这个环境中的佼佼者。

此外，能动地适应环境还要善于从现实出发，将自己的知识、经验，进行嫁接、变通，力求在新环境中派上用场，发挥作用。比如，有些在部队搞政工的干部，转业后改行成为很有作为的企业家；有的理工科的大学毕业生成了出色的推销员；文科毕业生成了经商的奇才等。这样的事例几乎屡见不鲜。这些人的成功告诉我们，每个人都有自己的强项，只要善于把它与新环境相连接，沟通，转化，就可以形成新的优势。因为很多知识本身是相通的，"隔行不隔理"。同时，人们的才能又是多方面的，人的潜能也是巨大的，只要自己善于学习，不因循守旧，就可以在新环境中找到自己的位置，使自己的潜能在新条件下释放出来。

总而言之，青年人对于环境千万不要苛求，而应发挥自己的主观能动性不断提高自己的适应能力，努力与现实接轨，实现与客观现实的认同、交融、协调、合拍，达到主客观相一致、统一。就好像把一根枝条嫁接在原有的枝干上一样，把自己的血脉与之连接在一起，变成有机的整体，扎根在特定的土壤里，从中吸收营养，在这块土壤上生根、发芽、开花、结果。

（高永华）

抱怨上司不如反省自己

日前乱翻书，读得一则小故事。

有一个人极不满意自己的工作。一次，他忿忿地对朋友说："我的上司一点也不把我放在眼里，改日我要对他拍桌子，然后辞职不干！""你对那家贸易公司完全弄清楚了吗？对于他们做国际贸易的窍门完全搞通了吗？"朋友反问道。"没有！""古人说'君子报仇十年不晚'。我建议你还是好好地把他们的一切贸易技巧、商业文书和公司组织完全搞通，甚至连怎样修理影印机的小故障都学会，然后辞职不干。"朋友说。那人觉得朋友的"建议"有道理——以公司做免费学习之所，什么东西都通了之后，再一走了之，为此不是既出了气，又有许多收获吗？自此，他默记偷学，甚至下班之后，还留在办公室里研习写商业文书的方法。一晃一年过去。一天，那人和朋友又见面了。朋友问："你现在大概把公司的一切都学会了，可以准备拍桌子不干了吧？"然而，那人却红着脸说："可是我发现近半年来，老板对我刮目相看，最近更总是委以重任，又升官，又加薪，我已经成为公司的红人了！"

这则故事颇有几分"欧·亨利笔法"的意味。从故事所透露的"信息"看来,那个曾经极不满意自己工作的人,已经打消对其上司"拍桌子,然后辞职不干"之念是可以肯定的,因为他没有理由不珍惜眼前那"柳暗花明又一村"的可人景象。

一个人能迅速地由"山穷水复疑无路"之逆境而转达"柳暗花明又一村"之顺境,委实令人心生羡慕。然而,在笔者看来,最值得玩味的还是故事中那位"朋友"之所言,尤其是那段充满智慧、用心良苦的规劝语。其言充满智慧,用心良苦,是因为它不仅为故事主人公指明了一条"自新"之路,并且,规劝者借此曲折道出了人们平素极易犯错而又极易忽视的一种毛病,即:在工作中,当我们在上司的心目中占不着"分量"时,我们常常只知一味地牢骚满腹,抱怨上司的态度,却不肯平心静气地正视自己,客观地反省自己,——问问自己"能"有几许?"力"有几何?

其实,平心静气地正视自己,客观地反省自己,既是一个人修性养德必备的基本功之一,又是增强人之生存实力的一条重要途径。缘于此,曾参那句"吾日三省吾身"的话才成为千古名言,宋代大理学家朱熹才于《白鹿洞书院榜示》中郑重写下"行有不得,反求诸己"八个大字,而唐代大文豪韩愈才会谆谆告诫其弟子云:"诸生业患不能精,无患有司之不明。行患不能成,无患有司之不公。"

在人们的思维习惯里,言及上司与部下之间的"不公",似乎唯有上对下,殊不知,也存在下对上"不公"的现象。无论是上对下,还是下对上,"不公"总是人所不想见的。因此,就"部下"言,不时地正视自己,反省自己,抑或不失为公正认识上司的一种途径吧!

(罗　帆)

矿泉水瓶口有几圈螺纹

不久前,一家电视台对著名品牌娃哈哈的创始人宗庆后作了一期人物访谈。

这个42岁才开始创业的杭州人,他的产品几乎家喻户晓。他仅用了20年的时间,就把娃哈哈打造成了中国饮料业的巨无霸,创造了一个商业奇迹。

为了帮助大众了解这个传奇人物的成功之道,早有准备的主持人突然从身后拿出了一瓶普通的娃哈哈矿泉水,现场考问宗庆后三个出人意料的问题。

第一个问题是:这瓶娃哈哈矿泉水的瓶口,有几圈螺纹?四圈。宗庆后脱口而出。主持人当众验证,果然是四圈。

第二个问题是:矿泉水的瓶身,有几道螺纹?八道。宗庆后还是不假思索地一口答出。主持人数了数说:"错了吧?只有六道哇!"宗庆后笑着回答:"不会错,上面还有两道。"

这时有点儿尴尬的主持人想了想,拧开矿泉水瓶盖,颇为自得地提出第三个难题:你能告诉大家,这个瓶盖上有几个齿吗?现场顿时鸦雀无声，大家无论如何也不会相信，他能准确地答出这个谁也不会在意的刁钻问题。可宗庆后却想也不想地回答："应该是18个齿。"主持人显然和观众一样难以置信，可当她认真数了一遍又一遍后不禁心悦诚服，果真是18个齿，丝毫不差。观众忍不住发出一阵阵惊叹。

　　事业起步于连他在内总共三名员工的校办企业，发展壮大成拥有两万多人的几十家公司，资产更是达到一百七十多亿元，这样的财富秘密看似难解，其实道理很简单。我们从他了如指掌的细节中，就可以知道答案。

（林　苹）

成功绝无偶然

为何有些人最有可能成功

为何有人生来雄心勃勃,有人却甘于平淡?为何有些人最有可能成功,有人却总是运气不顺处处碰壁?专家们已开始研究这些问题,力图揭示其中的奥秘。

希普兄弟的成功动因

格雷格和德鲁·希普这对孪生兄弟成功并非偶然,只需与他们聊上几句,就能清楚感受到他们锐意进取的精神。但过去他俩可不是这样。由于老爸创办了一家香水公司并且经营有方,两兄弟衣食无忧,一帆风顺地念完高中又升入大学。但在大学里,无所事事、随波逐流的感觉开始令他们烦恼。大约也在这时候,父亲低价将公司转手了。

一切从此改变。到大学毕业时,两人已从可能坐吃山空的男孩变成立志干一番事业的男人。如今,他们合办的健身俱乐部规模已越来越大,即将第三度迁址。

为何有人生来胸中就燃烧着雄心壮志的火焰,有人(比如希普兄弟）需要某个诱因帮他们点燃？还有人则终其一生不曾让它燃烧？

同等欲望与志向差异

在人类所有的行为冲动中，抱负应该是分配最为平均的冲动之一。按说，出人头地的欲望应该同等程度地植根于我们所有人的内心深处。

而事实并非如此。有人一心想要做出成就，有人却乐得随遇而安。据说，男人和女人表现其雄心的方式不同；美国人和欧洲人、婴儿潮一代和X一代、中产阶级和富裕阶层之间也有这种差异。甚至在积极进取的人中，志向也分不同的等级。

苹果公司创始人之一史蒂夫·沃兹尼亚克于1985年他成为年仅34岁的千万富翁之后离开公司。而他的创业伙伴史蒂夫·乔布斯仍使苹果公司不断创新，此外还兼管他的第二家大型公司pixa动画影片厂。

我们不仅很难理解为何有些人似乎比别人更有抱负，而且在抱负是什么这个问题上也难以达成一致。人类学家爱德华·洛说："抱负是不断进化的。"

抱负是不断进化的

假如你有进取心、梦想和技能，那么，所有的抱负是一律平等、不分高低的吗？为成为合伙人而超负荷工作的律师比为成为好妈妈而超负荷工作的母亲更有抱负吗？能让旋律自然流出的成功的音乐家比费力敲出每个音符的失败的音乐家更有进取心吗？加利福尼亚大学心理学家迪安·西蒙顿对天才、创造性和怪异习性颇有研究，他认为实际情况更复杂。他说："抱负是能量和决心。但它也需要目标。有目标但没有能量的人会终日坐在沙发上说：'将来我要做一个更好的捕鼠器。'有能量但没有明确目标的人只会在一件又一件零散的事务中耗尽一生。"

最令人头疼的是，如果抱负过于膨胀会怎样？脱离了道德的伟大梦想会制造暴君，或至少制造安然公司之类的丑闻。高度紧张的16小时工作日会令人筋疲力尽，突发心脏病。甚至对孩子来说，太远大的志向也会很快造成真正的害处。

"阿尔法"狼和其他狼

人类学家、心理学家以及其他专家已开始更仔细地研究这些问题，从家庭、文化、性别和基因等方面寻找雄心壮志的根源。他们远未揭开所有的奥秘，但已略知一二。

如果说人类是个雄心勃勃的物种，那么毫无疑问，它并非绝无仅有。我们已经知道许多动物几乎从出生起就会展示出雄心。小狼断奶之前，它们就开始把自己分成"阿尔法"狼和其他狼。"阿尔法"狼速度更快，好奇心更盛，占有空间、母乳和母亲的欲望更强，而且终生如此。"阿尔法"狼到处游走，年年繁殖后代，可能活10或

11年。而较低级别的狼只在家附近待着，很少繁殖后代，通常活不到4岁。

生你养你的家庭和环境

但是，你也可能因为其他因素完全改变方向。对抱负影响最大的还有两个因素：生你养你的家庭和所处的文化环境。

关于哪类家庭能培养出成就最高的人，并无一定之规。大多数心理学家一致认为，如果父母为孩子设定棘手却切合实际的挑战，对成功表示嘉许，对失败并不苛刻，这样培养出的孩子自信心最强。

父母较难控制但可能同样重要的一个因素是家庭条件。不过，富有或贫困对进取心的影响难以预测。家境优裕，你可能承袭成功所需的技能（想想两位布什总统）或贵族的游手好闲。家境贫寒，你可能获得积极进取的动力（看看比尔·克林顿）或破罐子破摔。

总的说来，研究表明，出身中上阶层的人中雄心勃勃者比例最高，主要是因为其中焦虑不安的人比例也最高。

"PWA焦虑"成就雄心

在衡量抱负时，人类学家将家庭分为四个类别：贫困、勉强度日、中上和富有。前两个类别的家庭必须为支付电费和电话费而奔忙，抱负常常只是奢侈品。对富有阶层来说，抱负往往毫无必要。只有中上阶层——经济上颇有保障但又不到经得起一两次变故的程度——改善自身命运的动力最强。人类学家洛说:"这就是所谓的地位焦虑(Positionworryanxiously 简称 PWA)。无论你是否生来就有这种焦虑,你在后天确实能养成。"

但与其他社会相比,某些社会现象让你更焦虑。美国历来都有以自我为中心的文化,这与它的发展史相吻合:它是从一小批人抵达一块富饶的、土地经常被赠予的大陆开始的。这种道德观持续至今,尽管资源的丰富早已成为历史。其他国家——这里土地和资源更少——发展的过程截然不同,与人合作的需要便铭刻在其文化DNA中。

美式成功魔方

美国模式创造了财富,但它是有代价的——雄心壮志有时反噬了它的主人。

俄亥俄州立大学的德梅拉思对优秀高中生的研究不仅发现这些学生承受着巨大压力,还揭示了这些孩子及其父母为了拔尖不惜做哪些事。作弊极其常见,大多数学生认为它只是小事一桩,完全不以为然。

还有一些孩子的平均分达到4.0,他们的父母竭力要把孩子划入特殊教育一类,以便他们在标准化考试中有更长的答题时间。

德梅拉思说:"为优秀而犯错——美国孩子形成了他们自己的道德观,这就是美式成功魔方。"

别为成功而犯错

对出人头地的渴望可能给自身造成许多问题。在高成就者中，心脏病、溃疡和其他与压力有关的疾病更为常见。非人类的高成就者也是如此，与焦虑的人一样，阿尔法狼的血液里"压力荷尔蒙"的含量总是较高。阿尔法黑猩猩甚至会得溃疡，有时还会犯心脏病。

由于这些原因，渴望成为"阿尔法"的人和动物往往最终会甘当"贝塔"。耶基斯地区灵长类动物研究中心的灵长类动物研究学家弗兰斯·德瓦尔说："对显赫位置的渴望是人皆有之的。但与之共存的是另一种本领：尽可能地享受较低的位置。"洛说："人人都有雄心壮志。社会应该为人们提供各种不同的实现自我的途径。"说到底，正因为存在多种可能的回报，宏伟的梦想和远大的目标才值得人们苦苦奋斗。抱负是一种代价不菲的冲动，需要人们投入巨大的情感资本。与任何投资一样，它的回报可能是五花八门的各色钱币。所以，当财富来到你面前时千万不要视而不见。

（沈农夫　编译）

成功绝无偶然

迈向成功的第一步

表妹到北京一所大医院应聘护士长,竞争非常激烈,只有十五名应聘者进入最后一轮角逐。

考官拿来十五支温度计,让应聘者把温度计上的温度记录在纸上。表妹听后心里暗笑,这么简单的问题怎么会拿到决赛呢?可是拿到温度计后表妹大吃一惊,温度计上根本看不见水银柱!表妹东张西望,看大多数应聘者都在迟疑。到了交读数的时间,表妹在纸上写上了:"对不起,温度计没有数字可读。"

考官宣布了成绩,结果表妹和其他两位答案一样的应聘者被留下,而其他随便写上一个温度的应聘者被辞退了。考官说,这些温度计的确有问题,里面的水银事先都被抽掉了。

接着,要在三个应聘者当中选出一个。考官说:"你们用刚才的温度计量量自己的体温吧。"

另外两个人顿时狐疑地看着考官,表妹下意识地把温度计摆正位置,用力地甩了甩,然后插入自己的腋下。五分钟过后,她抽出温度计一看,惊喜地看到上面标记出了体温。原来温度计中的水银柱根本就没有被抽空，考官只是事先把温度计倒着甩，让水银降到了另一端。

相信自己，让表妹应聘上了护士长。

表妹过后笑着对我说："既不要轻易怀疑自己的判断，也不要一味相信他人的结论，才是我们迈向成功的第一步啊！"

（冰莲裳）

我们靠什么成功

小成靠勤、中成靠智、大成靠德。仔细玩味，觉得颇有深意。

早起卖菜的小贩、田间辛勤劳作的农民、在车间工作的工人、讲台上挥汗如雨的教师，甚至是街上的三轮车夫，生活中的你我他都在为生活奔波，辛勤工作，用自己的心血和汗水换取生活所需。食有粮、居有房、寒有衣、有老婆孩子安享天伦，这都可以说是小有成就。靠勤而小成的人最普遍，只要你肯吃苦、肯付出就能获得成功。

然而很多人不满足于小成，想追求更大的成功，但是在追求成功的路上，有的人春风得意，有的人则一败涂地，这里有一个重要的原因就是智。智就是才智，没有非凡的才智仅仅依靠勤奋，凭着一股子勇气和闯劲只是匹夫之勇，不会获得更大的成功。那些官场中的佼佼者、商界中的成功人士，能彻底改变人生命运的凡夫俗子都可以称为获了中等成就，他们都有超出常人的智慧。

为什么伟人很少，这里有一个关键因素就是德。一个人若想成大器，一个企业要想树立国际品牌，光靠小聪明是不行的。人一定要拥有优秀的德行，企业要有良好的社会责任感，并持续践行，方能成功。中国草根首善陈光标，他的事业在同行业内无人可比，但是他始终恪守着一个企业家对社会的责任，捐资助学、扶危济困，大爱无疆。居高声自远，非是藉秋风。陈光标由此成为中国最著名的企业家之一，他就是一个以德大成的典范。综观所有成大器者，无不是德行过人之人。每一个渴望成功的人，务必做到精勤、拥有过人的智慧、秉持高尚的品德。

（刘 伟）

巴菲特的"四点一线"

一群大学生要毕业了，在离开校园前的最后一课，这群生龙活虎的年轻人无不神采飞扬，对未来充满了无限憧憬。

"你们真的自信掌握了能为自己打开成功之门的钥匙吗？"教授忽然问了这样一个问题。

"是的，我们学会了专业的所有课程，并做到了融会贯通，我相信在未来的人生之路上，我们会是佼佼者！"一位平时表现非常优秀的学生站起来回答。

教授听了这名学生的回答，微微一笑，转身用粉笔在黑板上画出了两个点，接着把粉笔交给他说："请你用一条直线将这两点连起来。"

两点确定一条直线，对于一个即将走出大学校门的学生来说，这是一个再简单不过的问题了。这位学生想也没想，随手就将教授画出的两点连接起来。

教授点了点头，没说什么，接过粉笔继续在黑板上画起了小点，这一次，他画了两排，横竖各两点，共四个小点，排列得就像是一个中国的"口"字形，无论横竖间距都足有八厘米。

这时，教授把粉笔再次递向那名学生说："你再用粉笔画一条直线，把这四个小点连接起来。"

这一次，这位学生彻底傻眼了，因为无论是横画还是竖画或者是斜着画，一条线最多只能连接两个点。

不过，这名学生没有钻牛角尖，他在经过一番分析后，断定这是一个不可能完成的任务，于是，他对教授说："老师，这个任务无法完成。"

"你确定？"教授微笑着问道。

"百分百地确定。"这名学生的回答斩钉截铁。

"你们也都确定？"教授又将目光落在全班学生身上。

一阵短暂的沉默后，教室里爆发出一个共同的声音："确定！"

"等一等！"待同学们的声音落下去，一个年轻人快步走上讲台。

教授微笑地看着他，并将粉笔交给他。只见这个年轻人两手捏紧粉笔，手指来了一个90度大转身，把粉笔横压在了黑板上，然后"刷"的一声划过去，顿时黑板上出现了一条足有八厘米宽的直线，而这条直线，刚好把那四个小点全部都"掩盖"在了里面。

接下来，教室里响起了雷鸣般的掌声。

掌声结束后，教授紧紧握住这名学生的手，动情地说："我教书这么多年，你是第一个解开这个题目的人！小伙子，你才是真正拿到了打开成功之门钥匙的那个人！"

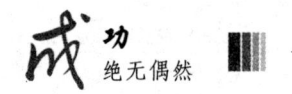

的确，教授的预言没有落空。十几年后，当初解开那道连线题的学生成为全球著名的投资商，在2008年的《福布斯》排行榜上财富超过比尔·盖茨，成为世界首富。他的名字叫沃伦·巴菲特。

　　许多年后，谈起这段经历，巴菲特曾意味深长地说："的确，两点确定一条直线，这个道理尽人皆知。可是，我们不能被这个道理牢牢束缚住思维，因为，粉笔不会只画出一种痕迹，事实上，一支粉笔可以画出无穷痕迹，它除了直着画，还可以斜着画、横着画。而这些，任何老师和书本都没有教过你。你所有的知识与经验也是一样，你不能用固有的知识做出死板的判断，所以你不能只按照理论走现实中的每一步，你必须要与众不同、独辟蹊径，只有这样，你才能获得成功！"

（羽　音）

"吻"得精彩

18岁的她,写出了一部36万字、网上点击率超过34万次的小说——《拽公主的霸道太子爷》,成为最年轻的网络"签约作家"。她的小说带有童话般的色彩,语言轻松,对话俏皮,是不少"90后"痴迷的"黑道学院"题材。在小说阅读网中,她总是以ID名"被贬下凡的仙子"出现。

渐渐地,"被贬下凡的仙子"有了一批追随的粉丝。在网上如果有三天没看到她更新的小说,粉丝们就会发疯。她似乎生来就有吊人胃口的本能,粉丝们越是这么疯狂,她越是惜墨如金——每天不多不少,就写2000字。有些粉丝被小说的情节急红了眼,总想尽快看到下文。在无望的等待中,毫不客气地发出了怨言:写小说的速度太慢了,慢得让人沉不住气。怨言归怨言,她每天还是2000字的速度。想要下文,请待明天吧!

有人找她签约了,愿意以4000元买下小说《拽公主的霸道太子爷》的版权,催她快点完稿。钱像刚出笼的包子,炙手可热。可她还是不紧不慢,每天以2000字的速度在写。签约方抱怨:太慢了!

确实太慢了！她没有不慢的理由，生下来时非常漂亮，因为一场医疗意外，成了脑瘫儿。除了头部能活动外，四肢都没法动，平时只能坐在轮椅上。不会讲话，口中发出的是"嘟嘟囔囔"的声音。她有一个好听的名字，叫王千金，是江苏镇江的一个女孩。

在父母的眼中曾是个生活不能自理、一切都靠别人养活的王千金，竟能成为网络作家，谁都难以相信这个事实。

王千金确实很特别。她爱看电视剧，从电视剧里学会了认字。电视剧的下方配有字幕，她就根据演员的每一个字的发音，再在字幕的下方去找对应的字。这个办法特灵，对自学认字，不失为一个捷径。就这样日积月累，她渐渐地认出好多字，也看得懂小说了。

她爱电脑，从哥哥的电脑游戏中学会了打字。一次，哥哥忘记关电脑就离开了，一款游戏还在进行中。眼看小勇士快要被小怪"纠缠"住时，不知是一种什么样的冲动，坐在轮椅上的王千金，身子不由自主地凑到电脑的键盘上，张开嘴，用嘴唇去"吻"动桌上的键盘。奇迹发生了，显示屏上，小勇士时而跳跃，时而攻击，时而左躲右闪，逃过了小怪的纠缠，并击退了小怪们的攻击。王千金一阵狂喜，我可以玩电脑游戏了。从此，王千金一"吻"而不可收，还学会了用嘴唇"吻"键盘打字。

王千金"吻"的动作让人心疼：瞄准一个键，把头努力地低下，凑近键盘，然后用嘴唇"吻"下去。每一个字，哪怕是一个小小的标点符号，都是这样一抬头一低头才能完成。每天只写2000字，拿正常人来说,这个速度实在太慢了。但,这是王千金的速度,是个用嘴唇作笔,付出比常人多千倍百倍的努力而得来的一个速度。

网络小说的编辑得知36万字的小说《拽公主的霸道太子爷》,是王千金在键盘上一个字一个字地"吻"出来时,有点儿不相信这是事实。粉丝们更是惊讶不已,都说:"我们身上缺失的就是这种速度。现在,再没有人质疑王千金的书写速度是最慢的了。"只要心中有信念,你也可以"吻"得很精彩。

(柯玉升)

成功绝无偶然

没有侥幸的成功

我在刹那间豁然开朗。

第一次去打保龄球,同行的朋友大致地指点我几句,怎么站,怎么掷球,怎么瞄准方向。每一局,我都按照他的话,认认真真地做了,结果却很不一样。

有时,明明是笔直地掷出去,却滚着滚着就偏了方向,眼睁睁看着它滚进了沟里,也只能徒呼奈何;有时,球出手的时候就已经偏了,到了尽头,只刚刚能擦到最边上的球棒,却不知怎么搞的,那个球棒横向一倒,"噼里啪啦",所有的球棒全倒了。

我渐渐有些感慨:也许,人生就像是一局保龄球,而成功,也就是那些静静等待的球棒,我们一生中所有的选择和努力,都是站在距离以外,尽量投出最完美的一掷。然而,球脱手的刹那,也就是将它交给命运,到底能不能击中,能击中多少,会不会像我们所希望的那样,打出最辉煌的大满贯,这些,都只是命运之手在遥控器上误触了哪个按钮吧?

想到这里,我不禁沮丧起来。

就在这时，我忽然注意到我邻道的一个年轻人：只见他一手执球，在硬木地板上大步小跑了几步，止步，身子略略下蹲，右手顺势一扬，球稳稳出手，直扑终点，轻轻巧巧地就打了个大满贯，整套动作流畅优美，轻捷如猿。他连打几局，身手是一律的利落，而分数也总是很高。有一局他一击过后，只剩了一个球棒，孤零零地站在最偏远的角落里，位置很不好，我想这次完了，肯定打不中。没想到第二击，他也只是看似很随便地一掷，球便很自然地向那个方向偏斜，到达终点时，刚好把那个"种子选手"打个正着。

我在刹那间豁然开朗。

其实，即使在球脱手之后，也从来没有离开过人的控制，它的方向、速度、轻重，早在出手以前，便被精确计算，并如宿命般被赋予。每一个大满贯，都不是一件偶然的事。而即使是一场游戏，能玩得如此精彩，背后包含了玩家多少的经验。成，是天道酬勤；败，是学艺不精，从头再来。输和赢都在自己的掌心，与天意无关。

不能泅海的人，便只能随波逐流；不会打保龄球的人，每一球都是碰运气；不曾为成功付过代价的人，才会把未来交给天意。

的确有过侥幸的成功，有一夜暴富的人，有捡到天上馅饼的人，就好像我这样的初学者，也曾偶然地打出过大满贯。可是真正的大赢家，永远是那些训练有素的人，只有他们，才可以凭着自身的力量，以那样优美的姿势，从容地击出自己的成功。

(胡庆云)

如何站在抛物线的顶点

用了三年，我从秘书走到这家"非著名企业"的总经办主任的位置。但这个职务随着与董事长"患难与共"的新老总的到任成为鸡肋。新老总善饮、善折腾，七八块钱的白酒和一包花生米也能喝到三四点，然后醉醺醺地开会、封官许愿。开完会，鸡鸣三遍。月余，从炊事员、司机到副总，十数人申请调离或者辞职。

看着昔日的同事都迫于无奈，选择离开。我该怎么办呢？我是该跳槽，还是坚持呢？抛开岗位因素，除了新老总善饮、善折腾之外，从工作环境到薪酬待遇，从项目现状到发展前途，这家公司还是不错的。

有些朋友觉得我不够洒脱，但我想问："何谓洒脱？"离职或者跳槽很简单，给老板递上辞职报告就是了。但是，在作出决定之前必须搞清楚我是谁、我要到哪里、我在哪里、我有什么。然后搞清楚自己该做什么？我们这一辈子在职场打拼也就三十来年，而这三十来年的职业不就和财务人员制作的资产负债表、损益表、现金流量表有些类似吗？任何一个阶段对应得稍欠合理，就可能影响到职业生涯。

跳槽究竟跳的是什么？是因薪水不高跳槽，还是为领导关系跳槽，抑或是因职业发展跳槽？是横着在业内跳远，还是竖着在职场跳高？我发现有很多朋友连这些问题都没有想清楚，就做出了"跳"的姿势。然而，这些朋友们都忘了换家单位又如何？就一定有发展前途吗？

我认识一个北京女孩，最初在某集团总裁办游历，后任集团人力资源部副部长，再后来N次被派到二级企业做行政，伺候过数位老总，但办公室主任似乎是她的职场顶峰。集团领导承诺了数次，也食言了数次，很多人为她叫屈和鸣不平。但她似乎对这些都看得很淡，春风得意也罢，逆水行舟也好，她始终脚踏实地勤勤恳恳地像头老黄牛，让跑龙套就跑龙套，让去外地就去外地……但有一点，她和别人不一样，以至让很多认识她的人为之惊讶。一个女孩，行李中最多的不是化妆品和衣物，而是书籍，卓越网和当当网还时不时地按照她的要求把经济的、法律的、政治的、哲学的、金融的、文学的书籍及时送上门。我曾经问过她，何以如此呢？她坦然地回答："我在能力和知识上的资产负债太多了。如果不迎头赶上，我预感到我肯定会比别人走得更艰辛或者更危险，很可能最后被逼着跳槽。我想只要努力，终有一天我的骨子里一定会丰富饱满起来。或许，过不了多久，我就会赢得未来。"

说实在话，我自忖缺乏先贤李白、杜甫那样的洒脱、豪放。从学校毕业，我既跨专业干过，也干过本专业，但不管在哪个行业里做事，不管顶头上司的年龄比自己大还是小、是暴虐还是仁慈，我都尽可能地泰然处之，就算相处得不算默契，也尽可能地克制做到相安无事。有朋友告诫：职场如婚姻，也有七年之痒。我觉得这话很精辟，事业瓶颈或者困扰任谁也逃脱不了，该怎么办？是两三年就该挪次窝吗？我说不好，但从投资的角度看，长线投资的收益和回报应该比短线要丰厚得多。因此，我想告诉那些想跳槽的朋友们：无论是跳槽还是坚守，只有积蓄足够的弹跳力和爆发力才能跳出最高的抛物线。

（刘英团）

用优雅敲开职场大门

史蒂文斯是一个优秀的程序员，公司倒闭那年，他的第三个儿子刚刚降生。作为三个孩子的父亲，重新工作迫在眉睫。然而一个月过去了，他仍没有找到工作。除了编程，他一无所长。

终于，他在报上看到一家软件公司要招聘程序员。凭着过硬的专业知识，史蒂文斯在笔试中轻松过关。他对自己八年的工作经验非常自信，坚信面试不会有太大问题。然而，当主考官问他软件业未来的发展方向时，他张口结舌。这些问题，他还从来没有思考过。

史蒂文斯失望地离开了。回到家，他觉得公司对软件业的理解，令他耳目一新，有必要给公司写封信以表感谢之情。他写道："贵公司花费人力、物力，为我提供了笔试、面试的机会。虽然落聘，但通过应聘使我大长见识，获益匪浅。感谢你们为之付出的劳动，谢谢！"

这封落聘者写来的感谢信后来被送到总裁比尔·盖茨的手中。三个月后，新年来临，史蒂文斯收到一张精美的新年贺卡，上面写着：尊敬的史蒂文斯先生，如果您愿意，请和我们共度新年。贺卡是他上次应聘的公司寄来的。原来，公司出现空缺，他们想到了史蒂文斯。这家公司是美国微软公司。凭着出色的业绩，史蒂文斯一直做到了副总裁。

还有一个故事是关于女孩的。那年秋天，由于生意连连受挫，老板情绪很不好，加上她在工作中出了小差错，老板便叫她去财务室结账走人。她满怀委屈地办完手续，正要离开时，门突然被推开了，进来一位衣着朴素的老太太。由于下雨，她脚上的皮鞋被雨水弄脏了，门口偏偏又没有备用拖鞋，老太太犹豫地站在门口。

其实，她已经不是公司的人了，公司再来任何客人都与她没有关系了。她犹豫了一下，将自己的拖鞋脱下来，整齐地摆放在老太太的脚前，微笑着说："阿姨，很抱歉，就穿我这双好吗？"

女孩蹲下身子，帮老太太把拖鞋换好。自己则穿着一双单丝袜，踩着地板，搀扶着老太太把她引进经理室。她回到自己的出租屋不久，有人敲门，开门一看竟然是老板。老板满脸歉意地对她说："对不起，请你重新回来上班，好吗？"

原来那位老太太是香港的一个大客户，老板谈了半个月都没有谈下来，就因为她的热情和善良，老太太没有提任何条件，就爽快地签了约。老太太还说她一定要和女孩合个影，作为这次合作的留念。

优雅是一种品质，是一种对待与处理问题时的潇洒动作，更是良好心态与修养的体现。它类似于美丽，而又不同于美丽，是长久唯美生活之后的积累与沉淀。在得意时我们往往都能做到优雅从容，但在失意时，却往往显得抱怨失态。真正的优雅，不是盛开在成功路上的鲜花，而是在你失意时转身留下的淡淡暗香。奇妙的是，上帝总是格外眷顾那些能够优雅离开的人。

（徐如涛）

成功就是现在开始行动

罗伯特·舒勒是美国著名的演讲家，主持着美国收视率最高的电视节目。他写的《逆境中的超越》一书连续三个月名列《纽约时报》的畅销书排行榜，半年之内印刷了8次。人们把舒勒和艾科卡并称为美国的写照。我最钦佩的是舒勒善于行动，善于突破自己的勇气。

舒勒小时候作文成绩很差，老师总是无可奈何地说："舒勒，你以后可以去演讲，你的口才不错，可你不要当个作家。"

他成了著名的演讲家后，见过很多人，经历了很多事，多次想把自己的感想写下来，可老师说的话总是在耳边回响：你不能写书，你别想当个作家！他的冲动被多次打消了，但写书的念头仍时不时地出现在脑际。一天，他毫不犹豫地拿出了纸，在打字机上打出：罗伯特·舒勒著《可行性思考的开拓》。不久之后，这本书竟然写成了！

舒勒事后总结说：其实这简单得很，成功就是你现在去行动。一开始着手，我就强迫自己去抓住灵感，设法使自己开始行动。一开始不见得事事顺心，然而不久之后，却文思泉涌。想当初要是一直坐待，恐怕读者永远也不会看到此书了。

　　任何对自己的能力抱有怀疑的态度都是不足取的。只要能够肯定自己，必定会有所成绩。我们应不断提示自己"我有能力做好"。要知道，有的人很容易表现出自己的才能，有些人则要在一个相当长的时间内才能有令人满意的表现。现在表现平平，很可能蕴含着留待以后爆发的巨大潜力。

（韩　伟）

判 决

威尔逊是一名美国青年，他从父亲手里继承了一家名为"赛洛克斯"的科技公司。一次偶然的机会，他结识了德国籍发明家约翰·罗梭，罗梭发明了干式复印机，威尔逊很看好这种复印机，就从罗梭手中把专利买下来，把它命名为"赛洛克斯914型复印机"，然后开始向经销商推销这种产品，以期获得巨大的经济效益。然而，产品推出后却反响平平，几乎没有几家经销商对这个产品感兴趣，这是怎么回事呢？威尔逊百思不得其解。有一天，一位经销商说："除非你这种产品宣传到位，家喻户晓。"他明白了，是因为宣传没跟上，这就需要做广告，但在全国范围内做广告是一笔巨额投入，以他的公司的实力，根本无力做这种广告。

有一天，威尔逊和他的一位律师朋友聊天，聊到了他的这种新型复印机，律师朋友问他这种产品能赚多少钱，威尔逊很自信，他说这种复印机是独家经营，市场开拓完成后，他将高价出售这种复印机，很快就能得到收益。律师朋友便提醒他说，美国法律是禁止高价出售商品的，如果违反，会被送上法庭，处以罚金。威尔逊便详细地咨询了如果真的被告上法庭,将会被判罚的数目,律师朋友便为他进行详细的解答。那天晚上,他回家算了一笔账,然后作出了一个大胆的决定,第二天就实施了。这个决定就是明目张胆地把复印机的价格以高于成本价十多倍的价钱向外出售,这种复印机的成本价是2400美元,但威尔逊却将其标价为2.95万美元出售。

没过多长时间,他就引起了相关部门的注意,经过调查,他们认定威尔逊存在高价出售商品牟取暴利的行为,违反了有关法律,而且情节严重,所以向法院提出了对威尔逊的指控。威尔逊接到法院传票后,聘请了一个由三名律师组成的律师团,这个律师团每周两次举行新闻发布会,公布官司的进展情况。新闻界闻风而动,纷纷对这件事进行采访报道。作为当事人,威尔逊也接受了多家新闻媒体的采访,还被请到了电视台法律节目的直播间,当面接受采访。这样一来,到法院开庭的时候,这个官司已经成为家喻户晓的事件了,引起了各方面的广泛关注。

开庭那天,来自全国各地的三百多家媒体记者旁听了庭审过程。法庭最终确定威尔逊高价出售商品的事实成立,判定他交纳五万美元的罚金。威尔逊承认自己有高价出售商品的故意,但他强调自己的研究成果将会大大节省人们的时间,产生良好的社会效益,所以要求撤销对他的经济处罚。法院便成立了一个专家小组,对他的这种产品进行鉴定。鉴定结果出来了,专家小组认定这种产品的确能为人们节约时间并因而产生巨大的社会效益。法院给予了一定的减免,威尔逊只需交纳三万美元即可。

官司虽然败诉了,但这种干式复印机一下子名声大振,成了名牌产品,威尔逊的公司也由原本名不见经传的小公司一跃成为著名企业,订单如雪片一样从全国各地飞来,威尔逊赚了个钵满盆溢。

威尔逊的故事告诉我们:成功并不复杂,有时仅仅需要一个能使自己脱颖而出的与众不同的创意。

(唐宝民)

成功是成功之母

一年级孩子开家长会，会上家长们非常热烈地同老师一起交流：如何使成绩一般的孩子更快地进步，让他们对学习产生兴趣从而积极主动地努力学习。

其中有一位家长，向大家道出了她成功教育孩子的经验："我孩子刚开学的时候，学习一直跟不上，成绩差得很。我没有过分地批评他，要求他一下子从'差'努力到'优'或是'优良'，我只给他定了一个较容易努力实现的目标，我对孩子说，这一次我们是'差'；没关系，一次'差'不代表你就真的比别人笨，就永远追不上别人。你可能只是一时粗心大意了，也可能是你没有认真地听老师讲课或是没听懂，只要你以后能改正缺点，认真努力去做，在下一次能争取得到'良'，就说明你还是一个非常聪明的孩子，只是努力的时间比别人少了些。孩子第二次的小测试真的就得了个'良'，我给了他相当肯定的鼓励和表扬，也就从那次小测试以后，孩子的学习就比以前认真积极多了，而且学习成绩也明显提高，进步得很快。"

负责家长会的班主任接过话说："是的，我们不要给孩子订立步伐过于大的目标，孩子很难一步达到，这样就会让孩子尝试到长久反复的失败，自尊心和自信心都会严重地受挫，从而造成厌学或放弃日后的努力。很多事实证明，失败很多时候不是成功之母，成功才真正是成功之母，有一次小的成功，就增加了一次向大的成功努力进取的动力。"

短短的一番话，让在座的所有人都茅塞顿开。

学习中的孩子如此，事业上、生活中的我们更应该如此。一个人的能力是有限的，他努力的步伐也是有限的，明明只能迈过0.5米宽的河沟，你让他一下子去努力尝试迈过2米的河沟，结果是很明显的，只能是一次接一次的品尝失败的滋味，久而久之，我们会对河沟产生一种恐惧，一种厌恶甚至绝望。但如果我们把0.5米与2米之间的过渡分成数个渐渐扩大的阶梯，从0.5米到0.6米，再到0.65米、0.7米、0.8米……甚至更细小的目标阶梯，这样不是很容易就实现了吗？

一个人的潜力是无限的，但是超越自我的能力是有限的，在衡量了自身能力之后，再去分阶段地订立目标，这样成功才会一个接一个地向你招手。

（苗 蕾）

与大师握手

"钢琴王子"克莱德曼的中国巡演刚一结束,等待索要签名的拥趸就排成了长龙。这时,一对引人注意的父子排在队伍前头。克莱德曼习惯性地拿起签字笔,客气地问他们想签到哪里。不料,这位父亲竟然说:"我们不要签名。"

此言一出,克莱德曼一愣。

"我有一个不情之请,"这位父亲说,"我想让我的孩子握一下您的手。"周围的人更加不解了,纷纷上前看个究竟。

这位父亲向克莱德曼深鞠一躬:"您是我非常尊敬的钢琴大师。"然后把儿子拽到身前,摸着他的头说:"这孩子对钢琴很有悟性,打小就苦心练琴;这两年,他接连获奖,每次比赛总是拿第一。"克莱德曼眼里流露出赞许之意,示意他说下去。"他有些飘飘然了,觉得自己很了不起。尤其是最近,他到处炫耀琴技,根本没有心思练琴。我今天一是为仰慕大师风采而来,二是想让孩子明白一个道理,怎样才算真正的钢琴家。"

克莱德曼当然不会错过这个发掘天才的良机。他把自己那双与

成功
绝无偶然

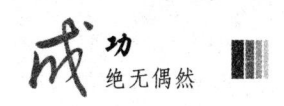

钢琴打了半辈子交道的大手伸到孩子面前，微笑着说："来吧，孩子，你是好样的。"

看着那双手，孩子的小手迟迟地伸上前去。和克莱德曼的十指接触的瞬间，他似乎被克莱德曼指头上厚厚的老茧电到了一般，猛地一缩。那双小手就这样久久地悬在空中，孩子明亮的双眼痴痴地望着对方，嘴里不停地念叨着："钢琴家，钢琴家……"

此后，这个在钢琴方面天资极高的少年又开始焚膏继晷地苦练琴技，终于获得巨大的成功。这个孩子就是郎朗！

（邱　刚）

好心态是走向成功的指向标

外甥女大学毕业，暂时未找到工作，来深圳我家玩几天。那天偶然看到她夹在一本书中的全班同学毕业照，发现大部分人都是一副苦大仇深的样子，便问她："怎么都没人笑哇！"外甥女没好气地说："还笑呢，哭都来不及，毕业了，没几个找到工作的……"

这使我想起一个关于毕业照的故事。美国两个心理学专家对毕业照的笑脸进行了一番研究，他们收集了一批初中和高中全班同学的毕业照，通过对每张毕业照的观察，发现一些同学面带着善意的微笑和自信的光芒，还有一些同学郁郁寡欢。经过长达41年的跟踪调查，他们发现：从总体上看，毕业照中面部表情微笑、充满阳光的这部分人，到中年后其事业的成功率以及生活的幸福程度，都远远高于那些面部表情不好的人。

确实，想一想我们身边的同学和朋友，在走出校门的那一刻，大家都在同一个起跑线上融入职业和社会竞争的洪流。十几年后，一些人找到了理想的单位，建立了幸福的家庭，实现了理想和人生价值；也有一些人碌碌无为，最终在残酷的竞争中被淘汰出局、一无所获。如果我们认真回想就会发现，从根本上决定我们生命质量的不是金钱，不是权力，甚至也不是知识和能力，而是心态！

俗话说，不是没有阳光，是因为你总低着头；不是没有绿洲，是因为你心中总是一片沙漠。

说消极话的人，第一个受害者是他自己。积极的心态能把坏的事情变好，消极的心态却把好的事情变坏。消极的东西像水果上发烂的部位，当有一处腐烂，会迅速将好的水果污染。要想阻止继续污染，就必须将已经坏的部分清除掉。

一个人在遇到压力、挫折、失败和突发事件时的心理承受力非常重要。也就是说，在逆境中仍能保持热情和毅力、对事物坚忍不拔地追求和探索的人，才会最终到达成功的彼岸。

有一个22岁的年轻人大学毕业后，一直找不到工作。尽管他有英国名牌大学新闻专业的文凭，但在竞争激烈的人才市场上，他却四处碰壁。

为了求职，他一直寻寻觅觅到伦敦，最后他走进了世界著名的《泰晤士报》的编辑部。

"请问你们需要编辑吗？"他十分恭敬地问。

对方看了看貌不惊人的他，说："不要。"

他又问："那需要记者吗？"

"也不要。"对方回答。

"那么，排字工、校对呢？"他毫不气馁。

"都不要！"对方显然已经不耐烦了。

他却微微一笑，从包里掏出一块告示牌，交给对方，说："那您肯定需要这块告示牌。"

对方一看，上面写了这样一句话："额满，暂不雇用。"

他的举动让报社的人忍俊不禁。一位主管很认真地在一旁观察，发现他并不是在调侃报社，而是一脸的真诚。主管被他的认真和顽强行动所打动，结果录用了他，把他安排到对外宣传部工作。

20年后，他在这家英国王牌大报的职位是：总编。他就是生蒙，一位资深且有着坚韧毅力和良好人格魅力的新闻工作者。

我们看到，一个成功的竞争者，除了要具备广博的知识和各方面的才能外，还必须有健康的心理素质和良好的意志品格。许许多多成功人士的经历告诉我们，百折不挠的顽强意志和毅力、积极的心态是成功者必须具有的素质。

那么，在日常生活中该如何培养积极的心态呢？

1. 言行举止像你希望成为的人。
2. 要心怀必胜、积极的想法。
3. 用美好的感觉、信心与目标去影响别人。
4. 使你遇到的每一个人都感到自己重要、被人需要。
5. 心存感激。
6. 学会称赞别人。
7. 学会微笑。

8．到处去寻找最佳的新观念。

9．不要计较鸡毛蒜皮的小事。

10．培养一种奉献的精神。

11．永远也不要消极地认为什么事是不可能的。

12．培养乐观精神。

13．经常激励自己，相信自己能够做到，你就能做到。

积极的心态是智慧的催化剂，是走向成功人生的指向标。有了积极的心态，就有了积极的工作和积极的生活。

（睿　齐）

从打工仔到获得国际专利的发明家

金徐凯很普通，七年前是四川省眉山县太和职高的一名学生，毕业后为了挣钱补贴穷困潦倒的家，只身到海南打工，整整七年没回过一次家。所从事的都是一些很普通的工作，诸如园林工人、推销员、业务员、保安员和公司小职员之类。

金徐凯又实在不平凡，7年来，他在繁忙的打工之余，拖着疲惫的身体醉心于创造发明。至今已搞出22项发明，其中有9项申请了国家专利，1项申请了国际专利，12项正在申报国内国际专利。1998年12月17日，在由团中央、公安部、司法部等八部委在人民大会堂举办的第二届"全国十杰百优外来务工青年"的颁奖大会上，因"勇于探索，取得多项发明专利"而荣获此表彰的最高奖，团中央书记处第一书记周强亲自将鲜红的荣誉证书颁发到金徐凯手中，鼓励他"再接再厉，为家乡父老，为全国的打工仔争光，为社会多做贡献"。而成功的背后，却有着坎坷和不幸，让我们听听他的自述吧……

破碎的家，苦涩的童年播下我发明创造的种子

我有一本不幸的家史。1973年，我出生在四川省眉山县崇礼镇大定桥村三组一个贫困的家庭，6岁那年，父亲到新疆打工，一去就是20年杳无音讯，爷爷又因历史的原因蒙冤入狱（平反后出走），家中只有太奶奶、奶奶、妈妈、弟弟和我五口四代，老的老，小的小，生活的艰辛可想而知，全家人生活的重担都压在母亲身上，靠她里里外外，没日没夜地操劳，支撑起一个破碎的家。为了挣点油盐钱，母亲经常在农闲时，起早贪黑进城送蜂窝儿煤、替别人帮小工。在我的记忆中，属于欢乐的东西少得可怜，曾经度过的那些满是辛酸的童年和学生时代，乃至今天同样艰辛的打工生活，都成了我生命中一笔宝贵的财富，它磨砺了我奋发图强的意志和吃苦耐劳的韧性。

因为没有爸爸，妈妈对我和弟弟要求很严格。家里穷得买不起玩具，弟弟年纪小，常看着别的小孩子手里的玩具入神，舍不得离开。我就到处找来一些小东西，拼拼凑凑地做了很多的小玩意儿，虽然很简陋，但也妙趣横生，我和弟弟总算也有了自己的玩具。这些用自己的双手做出来的简陋的小玩意儿陪伴我和弟弟度过了那段苦涩的童年，也在我心中埋下了发明创造的种子，培养了我对发明浓厚的兴趣。

那时，每天天刚蒙蒙亮，妈妈就要到生产队出工。太奶奶年纪大了，弟弟还太小，才七岁的我常被叫起来照看煮粥的锅。因为年

幼瞌睡多，加之还不太懂事，常常困得熬不住就睡着了，煮的粥不止一次溢出来浇灭了灶膛中的柴火，为此常常受到妈妈的责备。当时，我就琢磨，可不可以做一种能够在粥溢出来之前，自动把锅盖揭开，放掉里面的水蒸气来防止粥溢出来的东西呢？我用小秤砣拴在锅盖的把手上，并试着调试好锅盖开合压力的平衡，在秤砣的作用下，水蒸气就可以朝着另外一个方向往外冒，粥就不会溢出来了。后来又改用橡皮筋，在锅的两个提手和锅盖的把手三个点之间做成一个更简便也更为精确的防溢装置，粥就一点都不往外溢了，煮得又烂又香。劳累一早晨的妈妈也不用再为煮粥发愁了。

　　上学后随着年龄的增长，我对发明的兴趣日渐浓厚，慢慢地就成了一种更为执著的爱好，玩具、学习用具、家里的一切生活用具，以及劳动工具都成了我搞发明创造的对象。学习之外的时间几乎都花在了搞小发明小创造上，篮球、排球、足球等课余活动的项目，从来无暇顾及，至今，这些东西对我来说也还是完全陌生的。我认为自己已经找到了快乐的天地，并且深深地沉浸在其中。直到高中快毕业的一天，妈妈因为积劳成疾重重地病倒了。那一刻，我的心被深深刺痛了，我第一次开始认真地考虑自己的人生，思考自己未来的路该怎样走，我比过去任何一次都更沉重地感到，自己应该给辛劳半生、含辛茹苦的母亲分担一份生活的重压。

　　南下海南，迷惘的打工生活中，朋友的抱怨点燃我灵感的火花

成功 绝无偶然

1992年7月,我从太和职高毕业后,怀着万般无奈的心情,跻身于千千万万的打工者行列,只身来到海口寻梦。残酷的现实将我的美梦击得粉碎,在这座崇尚知识和学历,竞争异常激烈的城市,年纪小,学历低,没有工作经验和一技之长的我,想找一份工作谈何容易。整整半个月,我穿梭在海口的大街小巷赔尽笑脸说尽好话都没找到一份满意的工作,面对鳞次栉比的高楼和扑面而来的椰风,我不止一次地问自己:难道这座现代化的大都市真没有自己的容身之地吗?后来我断断续续找到的都是园林工人、业务员、保安员之类的普通工作。那段时间,我的心情低落到极点,不知道自己的路在何方,也不知道将来要干什么,一种复杂的情绪时时在心里翻腾。每当夜深人静的时候,同宿舍的人都已进入梦乡之际,我还在床上翻来覆去辗转难眠,我无数次地问自己:难道我仅仅只是为了打工而打工吗?难道我的一生就这么过下去吗?

直到有一次,因为乘出租车而唤醒的灵感重新点燃了我心中发明创造的火花,将我从迷惘中解脱出来,明确了自己的目标和今后要走的路。那天,我和一位朋友外出时因急事在马路上拦出租车,总是拦不到。朋友一个劲儿地抱怨出租车的载客标志不明显。说者无意,听者有心,我不禁想:如果一个载客显示器除了空车、载客有明显信号外,还有无声报警和求援功能该有多好?为了将这一梦想变成现实,我抽出业余时间开始全身心地投入到实践中,到图书馆查找资料,阅读书籍,不厌其烦地向别人请教,我打工周围的10

多家家电维修店成了我光顾的"老地方"。为了获得一块废材料，在老板的白眼中我低声下气地给他们帮忙、递工具、干体力活。不久我便发现，真正动起手来，绝非敲敲打打就能够大功告成的，它的原理和功用涉及到物理、电子、遥感等诸多领域。对于一名职高生而言，无疑是异想天开的事。发明没有进展时，不少人嘲笑我"打工仔也想搞发明，癞蛤蟆还想吃天鹅肉呢！"强忍着别人的奚落，在孤灯只影中，在众人的休闲娱乐中，我更加执著地沉浸在自己理想的载客显示器中捣弄、捕捉、比较、研究……精诚所至，金石为开。1994年11月，朋友的抱怨让我从捕捉的灵感中将发明变为现实，我拥有了自己的第一项专利——出租车载客显示器。

不断地为创造发明调查实践，等待我的不是鲜花和掌声，而是一次又一次地被"炒鱿鱼"

到海南打工后，看到、听到和接触到的东西多了，受到的启发也多了，发明创造的灵感和激情不断涌现，总有一种跃跃欲试，忍不住想把它做出来的强烈冲动。

搞发明创造要涉及的知识面很广、很多。对于仅有职高文化的我而言，无疑是困难重重，有时为了弄懂一个小小的原理或数据，甚至要花去好几天的时间来查找相关的书籍和资料，请教许多懂行的人。长此交往，电器修理店的师傅也成了我的好老师。在别人也许是很容易就弄懂了的东西，我却要反反复复地弄很久才能弄明白。

成功绝无偶然

比别人多吃很多苦，多走很多弯路是在所难免的，我从来不敢让自己稍有松懈的时候，因为我知道我和别人不能比。不懂的东西多，买书又太贵，一个打工仔能有什么办法呢？我只有一遍又一遍地跑图书馆、新华书店查资料、抄资料，并虚心向别人请教。有时为了请教人家一个问题，或是得到一点废旧的材料，常常要跑前跑后给人家当帮手，忙活好半天。不少人嘲笑我："打工仔也想搞发明？异想天开！"遭受白眼和奚落更是家常便饭。七年来，为了搞发明创造，吃了多少苦，受了多少罪，其中的辛酸也只有自己心里才最清楚。

在海南七年，我干过的工作很多，但干得最多的还是工资低但时间比较宽裕的保安工作。有一次，朋友介绍我到一单位当副经理，月薪1500元，这是我到海南打工待遇最优厚的工作，但唯一缺憾的是工作时间多，每天几乎没有空余时间，这与搞发明需很多时间十分矛盾。在权衡再三后，我还是辞去了这份美差。回头做我的保安，不为别的，就因为做保安可以有更多更充裕的时间去从事我心爱的发明创造。即使如此，也常常失业。为了改进完善自己的发明和搞市场调查，我先后跑过全国50多个城市。没有路费，我就一边搞调查一边打工。而每一次外出回到海南，迎接我的不是鲜花和掌声，而是一次又一次地被"炒鱿鱼"。近七年来，我换了14个工作，但我从没为此哀叹过，因为，梦想的实现是要付出代价的！

相识两月，分别五载，我的"爱情鸟"痴痴地说："专心做你的事，我等你到永远！"

有句名言说："每个成功的男人背后都站着一名坚强的女性。"不管我目前算不算成功，在我的成长和打工过程中，有三名女性让我产生深深的敬意和歉意。我的母亲和奶奶始终用农村人朴实的话告诫我："长大了，做个对社会有用的人。"而闯荡海南这些年，逢年过节我都不能给年事已高、日夜思念的奶奶、母亲寄回一件像样的礼物，为此我感到愧疚。另一位，则是被我拖累了五年多的女友杨万冰。

女友出生在重庆巫溪县一个较殷实的工人家庭，农校毕业后分到一农机公司上班。同样怀着一颗年轻人躁动的心，1993年10月，我们在海南闯世界的人海中汇聚在同一单位打工，她当出纳，我干保安。短短两个月的相处，她的端庄、朴实和善良深深地打动了我的心。我们的相恋一开始就遭到了很多人的反对，谁能相信一个居无定所的打工仔能照料一个有学历的城市女孩的一生，给她幸福和关爱？更不要说志趣、家境和地域的差异。可她总是那样用女性特有的质朴和善良给我以信心和鼓励："现在，没有一个人看好我们的未来，那又有什么关系呢？重要的是两个人的感情真挚与否，对生活的态度和信心。"而女友常对我说："专心做你的事，我等你到永远。"和女友相恋两个月后，她就回家乡被借调到保险公司供职，五年多的两地分离，她就用这种朴实无华的语言给我鼓励和思念。

成功绝无偶然

搞发明，离不开调查和实践。跑调查、买材料、做实验……每一项都要花钱。平时我几乎没有什么嗜好，能省的，千方百计省了，就这样也还是入不敷出，7年打工挣得的7万多元收入全部花光了不说，相恋五年多的女朋友把所有积蓄4万多元都给了我，来支持我的发明，她在信中说："我知道你不是不务正业地混日子，你不要觉得对不住我，帮助你是我的职责。"

我发誓要好好地爱她，给她幸福，没想到却恰恰是我拖累了她，让她跟着我受罪。女友都快30岁了，因为爱上了四处漂泊不定的我，至今还没落得一个安定的窝，让我深深地自责。

站在人民大会堂庄严的领奖台上，我深知人生的价值在于追求、进取和创造

当我在人民大会堂从团中央书记处第一书记周强手中接过鲜红的荣誉证书时，面对雷鸣般的掌声和不停闪动的镁光灯，我激动得热泪盈眶。记得当时我作为第一个登台做报告的打工仔，曾激动地说："虽然我只是一个小小的打工仔，但我从不妄自菲薄，因为我相信，我作为祖国千千万万成员的一分子，有我的一份贡献，祖国的发展就会多一份力量。今后，我将始终用母亲嘱咐我的话——做一个对社会有用的人来鞭策自己。作为一个社会青年，只有不断地努力创造，有所成就，才能跟上时代，迎接挑战！"

面对接踵而来的荣誉，我开始冷静地思考我们这一代打工仔的

命运和我这些年闯荡的得失。虽然我搞出了22项发明，但我深深地感到自己的不足和缺陷，更时时感受到这种挑战的压力和紧迫感。

改革开放二十年来，"打工"已成为当前社会生活的一个重要组成部分；而随着改革的继续深入，下岗分流的人员中，绝大多数将要加入这一行列。打工者不同于机关工作人员、国营企业职工，没有"铁饭碗"，也没有福利保障，积极、乐观、进取是我们容身于这个社会的根本保证。打工的路有很多，如何去选择、去走、去坚持，不仅仅关系到个人，更关系到我们整个中华民族的发展和兴旺。因为，"打工一族"在今天，对于我们的国家而言已是一个不可忽略的群体。

在这些年买材料、做实验、搞市场调查的过程中，我到过了许许多多的地方。祖国的欣欣向荣强烈地冲击着我的内心，更让我强烈地感受到祖国的日益强盛。作为一个中国青年，我深深地为此自豪，也很希望自己能够为祖国的现代化作出自己应有的贡献。我不会因为自己的学历低而自卑。我认为我的追求有价值，就像是国家这个机器上的一颗螺丝钉，我应该发挥我的作用，体现我的价值。也许，我一个人算不了什么，但只要更多的人也这样去想、这样去做，那么，我们国家的发展就一定会更快、更好！

在记者即将合上采访本时，金徐凯对记者说，出门在外，家乡的山山水水常常让他魂牵梦绕，当他获悉家乡正在进行轰轰烈烈的新区建设时，激情难抑，给家乡的父母官写了一封饱含深情的信：

"他乡的繁荣和富强强烈地冲击着我的内心，无论身在何处，我都深深眷念着生我养我的故乡，虽然自己只是一名小小的打工仔，但是我从来不曾认为自己有理由置身于家乡的发展之外，尽管我没有多大能力，但我真切地希望能为家乡的发展贡献一份微薄之力。只有家乡富强了，身处异乡的游于才能感到自豪……"

每一项发明都凝聚了金徐凯的全部心血，因而他渴望每一项发明成果都转化为产品服务于社会。但是，前提必须是要申请专利得到有关部门的认可，而申请专利需要钱。今年初，在朋友的资助下，金徐凯辞去了保安工作，专心整理这些年来的所有发明资料。海南省委党校的王鲁捷教授被小伙子的精神所感动，免费为他提供一间办公室。另一位老教授看了他的发明后啧啧称奇，感慨道："一个外来打工青年不甘命运的摆布，在创造发明领域有这样大的功绩！最难得的是他敢向'身份低微''不应''不敢'等观念挑战。可见青年人的成长之路既用脚走，也用心走！"

金徐凯的女友说，刚开始接触他时，他可以说是一无所有，但相处中，他的聪明、诚实，对事情执著的追求让我深深地着迷，以至我"众叛亲离"死心塌地地爱上了他。也许不认识他的话，我已经有了自己的小家庭，但不管怎样，我对自己的选择不后悔，正如金徐凯不后悔搞创造发明放弃一次次较好的工作一样！

（夏　钦）

从A到Z的成功之路

有些胸怀大志的年轻人发现前途黯淡，难免心灰意冷，其实大可不必。成功（victory）并不是一蹴而就的。大凡成功者都要经过从A到Z的漫长之旅。仔细看看，你不正行走在成功之路上吗？

A—advance（前进）：中国有句古语："胜败乃兵家常事。"它不仅适用于兵家，同样也适用于每个想干事业的人。对每一个人来说，失败在所难免，关键是不要因此而裹足不前。如果在失败的时候，你仍能前进前进再前进，终究会有成功的时候。

B—belief（信念）：必胜的信念是驱使你奔向成功的必不可少的"心象"（头脑中对未来的想象）。在确定某个奋斗目标之后，你得经常想着自己的优点和长处，心中不断地想着：我一定能成功！如此定会使你逐渐产生一种坚定的自我认识，有了积极而良好的自我形象感，你就会不畏失败，积极进取。

C—chance（机会）：一般而言，机会对每个人都是平等的，关键在于你能否把握住它。在机会来临时，你必须有所准备，不然，它会轻易地从你身边溜走，而你却毫不察觉。当然，你能把握住机会，只是成功的一半，剩下的一半，还要靠你自己去努力。

D—dreaming（梦想）：敢于做大梦，追寻似乎是不可能的最荒诞的梦想。美国人乔治·索罗斯在1992年成功阻击英镑后，1997年又一手导演了东南亚金融危机，从中牟取暴利。这个在国际上被称为"金融杀手"的美国佬，可谓是个声名显赫的梦想家了。

E—entertainment（娱乐）：为了成功，你废寝忘食，只争朝夕。这样比较容易取得成就，但很快就会垮下去，常常未及取得"最高成就"就已夭折。与之相反，如果你劳逸严格分开，懂得怎样在工作之余去放松放松，不仅会使你生活更加丰富多彩，有亲密的朋友、美满的家庭，而且能够有更旺盛的精力不断向终点冲击。

F—friend（朋友）：不论是过去还是现在，世界上没有一个人是光凭自己、不借助他人的力量成功的。如果你在事业上取得了一些成绩，千万不要以为那是你一个人的努力，它是所有与你工作有关的人力量的结晶。为此，你要广交朋友，与对你事业成功有帮助者保持亲密的联系。

G—give（付出）：也许你会成为一名外科主治医师，或许是一名人们喜爱的作家，也可能是哪个实业公司的总经理，但这一切的实现，均以付出为前提。你付出了时间、精力、恒心、毅力、金钱……之后，才有可能进入成功的殿堂。如果你不愿付出，却想收获成功，那只能是痴心妄想。

H—habit（习惯）：你上班或开会经常迟到吗？你经常打乱日程

安排吗？你在打电话时吃东西吗？你在办公室里讲低级笑话吗？检查你在工作中（会议时、电话里甚至工作餐中）的行为，看看是否已对你产生负面效应。如果这些不良习惯已阻碍了你的成功，那就下决心搬掉这些绊脚石吧！

I—interest（兴趣）：有些人，总是怨天怨地，说自己干什么都没有兴趣。他们整天只是得过且过，像一具行尸走肉，世界上没有比这更可悲的了。他们不知道兴趣要去寻找、发现，在条件允许的情况下，还要去培养。有了良好的兴趣，你就能体会到付出的快乐了。

J—job（工作）：选择自己喜爱的工作，对你的成功至关重要。唯有自己喜爱的工作，才有可能使你百折不挠、甘愿牺牲地去奋斗。因为你会在奋斗中享受内心的真正欢乐。对这种欢乐的追求，无疑将成为你不断进取的动力，因而使你不断取得新的成就。

K—knowledge（知识）：无论你做什么，都必须有一定的知识和技能，任何事业莫不以此为基础。实际上，这个道理人人都懂。只是一些人看到别人功成名就，便梦想自己一夜之间也能如此。这实在是一种幼稚的想法。知识的掌握有一个过程，需不断积累。技能要通过经常的实践才能提高。这中间最重要的是勤奋。

L—learn（学习）：一切新东西，包括：新知识、新技术、新思想、新观点等，都是最有生命力和活力的，并且是获得成功的最有力武器。那些在事业上不断取得成就者，无一不积极利用这一武器。这是他们立于不败之地的重要因素之一。如果你不断保持求新的欲望，永远拨动学习的心弦，就必然会思想敏锐、眼界开阔，为成功注入新鲜的血液。

M—model（模范）：在你认识或不认识的人中，找一个你最羡慕、最敬仰、希望自己可以成为他（她）那样的人做你的人生模范。这人是邓亚萍？贾平凹？比尔·盖茨？你舅舅？不管是谁，他们一定有值得学习之处，他们也一定用过功、受过挫折、付出过代价，那么目前自己的一时失败，又算得了什么？

N—nice（友善）：想想那些背后说你坏话的人，想想那些经常讥笑你的人，再想想那些利用各种机会难为你、给你小鞋穿的人，有时候你真恨不得狠狠地揍他们一顿，或也用同样的方法给予还击。但是，先不要激动，请认真考虑一下，它将给你带来怎样的后果？报复从来就不会使你得到任何好处。还是用友善对待他们吧，这更有利于为自己创造和谐的人际环境。

O—observe（观察）：欲获事业的成功，其方法有千万种，即所谓"条条大路通罗马"。但在成千上万条途径中，必有一些能较为容易地引你达到成功的终点，关键是你要有敏锐的观察力，在众多领域里，找到那些常被人忽视的领域。然后，你要进行综合分析，根据你的特长和能力，找出最佳点为突破口。切记：另辟蹊径不等于投机取巧，如果你那样做的话，注定要倒霉！

P—patience（耐心）：成功往往需要惊人的耐心，耐心地积累知识，耐心地提高技能，耐心地等待机会。控制自己，调整节奏，确保自己迈出自然的步伐。如果你像钓鱼的小猫那样见异思迁，最终只会一事无成。

Q—quiet（安宁）：对每一个想在事业上有所成就的人来说，错误是的确不可避免的，但你必须想尽一切办法，最大限度地减少它，特别是在那些关键环节上，应竭力避免错误的出现。因此，你要为自己找到一段安宁的时间，找一个安宁的地方去回顾、反思，并使自己重新获得活力。

R—respect（尊重）：世界在不断地变化，事业也在不断地变化，你必须尊重事物发展变化的规律。当变化出现时，你必须根据情况的变化，或调整你事业的总目标，或作局部改动。总之，一定要对变化作出积极的反应，否则，你将不知何去何从，被变化搅得昏头转向，最终败下阵来。

S—smile（微笑）：没有哪一个人，只有成功的欢乐，而无失败的痛苦。在成就事业的过程中，你会经常遇到挫折失败，遇到人们的当面指责，甚至谩骂。在这种时候，你要尽量保持微笑。要牢记：你似乎进展最小的时候，往往正是进展最大的时候。能这样做，你便有了转机，你将由一种境况，过渡到另一种更佳的境况中。

T—target（目标）：目标的选定，最能决定你的成败。无论做什么，没有确定的目标，就不可能有大的成就。有许多人，事业上接连不断地失败，一个很重要的原因，就是因为他们没有目标，或许没有固定的目标，再不然就是目标定得太低，不用花很大力气就能达到。有鉴于此，在做任何事之前，你都必须先有明确的目标。

U—understand（了解）：当你开始从事某项事业时，首先，你要进行全面的自我分析，给自己以诚实的评价，认清你真正的才能和局限。经过一番自我分析，你渐渐地了解了自己的长处。这时，你需要做的唯一一件事，就是拿出你的全部力量，勇往直前。如果你发觉过去一直在做一件埋没自己才能的事，那么就应立即调整目标，从事能充分发挥你聪明才智的工作。

V—velocity（速度）：求胜心切是一般人最易犯的错误之一，也是干事业者常有的心理。有些时候，是可以采取一些措施加速获得成功的。但多数情况下，你最好不要这样做，因成功的进程往往是你不能改变得了的。

W—way（方法）：方法，是过河的桥、摆渡的船，是探索的路、发明的钥匙。上至治国安民平天下，下至修身治家做学问，都需要方法，离开了方法，一切都是空话。方法如此重要，因此，培根说，没有一个正确的方法，就如在黑夜中摸索行走。可以说，只要你找到了一个正确的方法，也就找到了一条最能成功、最有希望的道路。

X—"x"（未知因数）：发现你自己和别人身上的特长，找到每一个人身上他人找不到的优点，并将它发挥出来，将能助你成功。刘邦在总结自己之所以能战胜项羽的原因时说："论带兵打仗，我不如韩信；论管理钱粮，我不如萧何；论运筹于帷幄之中、决胜于千里之外，我不如张良，此三者皆为人杰，吾能用之，此我所以取天下也。"刘邦堪称善用他人之长的榜样。

Y—young（年轻）：主要指心的年轻，具有初生牛犊不怕虎的冒险精神。冒险的机会是很多的，但敢于去捕捉而争得成功，不惜冒着跌入陷阱危险的人则不多。当然，敢冒风险绝不意味着盲目地蛮干。你在冒险之前，要对自己的能力、事业的可行性和得失，做充分分析与研究，知道哪些险可以冒，哪些险不能冒。

Z—zest（热情）：成功者和失败者的聪明才智，相差并不大。如果两者的实力半斤八两的话，对工作较为热情的人，一定比较容易成功。一个具实力而富热情，和一个虽具实力但不热情的人相比，前者的成功率也多半会大于后者。

如果你不想埋没自己，如果你真的想干一番事业，那你就从A走到Z吧！

（杨玉峰）

给"注定"一个例外的解释

那年我以优异的成绩考上乡里的初中时，好多人都劝父母快想办法让我转学，说那所中学念不念没大意思。他们把那所学校说得非常地可怕。

父母何尝不想让我转学呢？可最终我还是走进了那所最没有希望的学校，因为我家里没门路，也交不起那一笔数额不菲的转学费。

进校不久，我便为自己就读的乡中学的一切惊愕了——学校的办学条件的确是差极了，没水、没电、没住宿的地方，更重要的是师资力量太差，好教师都走光了，剩下的大多在混日子，教学质量一塌糊涂，连续三年的中考，重点高中、中专的上榜率竟然都是零蛋。有人甚至愤愤地说："那学校是'零蛋'学校，趁早快黄摊得了。"成绩好一点儿的或家里稍微有点儿门路的学生，都想方设法地转到外校去读书了，剩下的就是一些无可奈何地在那儿混张毕业证的。于是，恶性循环又开始了——老师没心思教，学生没心思学，人们不约而同地觉得：进这样的破学校，是注定不会有什么收获的，注定没大出息了。

记得我上的第一节课就缺了七个学生，课堂上乱糟糟的像个闹市，老师无精打采地照本宣科，学生在下面说话、打闹。我当时就想，天下恐怕没有比这更糟糕的学校了。

上了两个多月的课，学的东西少得可怜，我就回家跟父母说不想继续读书了。父母便唉声叹气道："都怪爹娘没本事，不能给你换一个好学校。"

看到父母那难过的样子，我又背上书包到学校去了，但不能说是去学习，只是空虚地打发时光而已。初中一年很快就混过去了。

第二年，学校分来一个叫姜秀琴的长得很柔弱的师范毕业生，谁也没有想到，貌不惊人的她，用她满腔的智慧和爱意，竟在我们的心中播下了那么多希望的种子，竟影响了我和许多同学一生的走向。

记得她的第一节课给我们讲了一个故事——一个家境异常贫困的男孩儿，几次饿昏在课堂上，她的母亲冒着雨走了一百多里的山路，给他送来十个窝窝头和借来的两元钱。他对老师说只要让他吃饱饭，他就能考一百分。后来，他考上了北京大学，又考上了研究生。我至今还清楚地记得那个故事的每个情节，记得故事的名字叫作《始于乡间状元路》。

故事讲完后，我发现很多同学和我一样，第一次像个大人似的低下了思索的头颅，因为我们比那个男孩儿还幸运一些，至少我们能够填饱肚子。

下课了，姜老师把我叫到一旁，问我："你挺聪明的，能不能带个头，给大家所说的'注定'一个例外的解释？"

心潮正被那个感人的故事澎湃着，再看到姜老师那满怀深情的目光，我使劲地点点头。

姜老师的课讲得有趣极了，刚开始调皮惯了的学生还不好好听课，故意弄出些动静气她，甚至有几次气得她直抹眼泪，课都讲不下去了，但很快大家就被她的认真、她对同学无私的关爱感动了，都喜欢上她的课了。

姜老师的出类拔萃，反衬出其他一些老师水平的差劲，那几位混惯了日子的老师，在受到同学们的哄笑后，对姜老师更嫉妒了，他们不屑地说，就凭她一个刚毕业的小姑娘，三分钟热血，想改变这破学校注定的结果，实在是太天真了。

后来同学们实在不能容忍那几个糊弄我们的老师了，通过罢课罢掉了三个老师，让姜老师教我们语文、英语、物理和化学四门课程。一个老师担起初中四门主课的教学工作，这在那个年代恐怕也是十分罕见的。可以想象，她要付出怎样的心血。多少年后，当我向朋友讲述这段往事时，朋友无不惊讶、赞叹姜老师的学识和品性。

超负荷的工作，曾让姜老师几次累昏在课堂上，同学们深受感动，觉得再不玩命地学习，就太不懂事了。于是，大家像大梦初醒一般，都开始认真地读起书来，那份刻苦那份执著，也是别人难以想象的，我甚至将语文书和外语书整个地背了下来。因为同学们和姜老师心中都燃烧着一个强烈愿望——给世人心中已"注定"的一切，做出一个例外的解释。

1983年秋天，一个让全乡父老乃至全县都震惊的好消息传出：多年来什么考试都是倒数第一、吃惯了升学率"零蛋"的乡中学，在这一年的中考中，竟奇迹般的有五人考入省重点高中、四人考入中专、十三人考入普通高中……

累倒在病榻上的姜老师幸福地笑了，那些纯朴的家长和同学们也笑了，人人眼里都含着晶莹的泪花，为曾经的迷茫、曾经的热血沸腾、曾经的顽强拼搏，流出了那么多欣慰的热泪……

后来，乡中学备受关注，调整了领导班子，办学条件也大为改观，调入、调出了一批教师，教风大改，学风更浓了，教学质量逐年提高，越来越多的毕业生从这里奔赴祖国的四面八方，有好几位如今已留学海外。

十五年后，当年那个全县中考第三名的我，已是一位小有名气的青年作家了。重返母校，母校美丽的一切，都已远远超出了我的想象。当我坐在那宽敞明亮的大礼堂，自豪地给在校的学生们讲述我们当年经历的那段往事时，我禁不住一再引用我至敬的姜教师馈赠的那句让我一生铭记的格言——别忘了给'注定'一个例外的解释。

是的，我们每个人都会面对许多似乎已经注定的结局，但其实没有什么是可以真正地'注定'的；只要肯努力，相信会有很多的奇迹就诞生在'注定'之外，成为我们生命中一道道葱郁的风景。

（阿　健）

美国"小任务"的成功之道

没人愿干的工作

[克雷格·卡尔霍恩,某超级市场职员,他面临一个选择——任何地方的低收入者均面临同样的选择]

我满12岁后,每年暑假都在父亲的清污公司干活。清洗液那种刺鼻的酸味,钢丝刷刮擦砖头的沙沙声,让我至今记忆犹新——它们促使你硬着头皮赶快把活儿干完。如果我没把砖清洗干净,父亲就会把我留下来,直到弄合格为止。父亲并非对人特别苛刻,他对自己也是同样要求。经他清洗过的每块砖在建筑物上是那么显眼,仿佛白背景上点缀的一枚红宝石,那无异于他的"签名"。

1976年结婚时,我刚在西南食品超市由包装工"升"为存货管理员。这可是一件又辛苦又乏味的工作。每周星期五晚上,都有一辆卡车运来食品,必须一罐罐一箱箱卸下车,贴上价格标签,摆放到货架上。大多数存货管理员这天晚上都想方设法找借口走掉,但我却总是等着随时接货。

到星期六早晨，所有的瓶瓶罐罐都被我贴上标签，整整齐齐地摆在货架上，活像一队队等待检阅的士兵——那就是我的"签名"。地板扫得干干净净，货架擦得一尘不染。我为自己干好了这桩谁都不愿干的工作自豪不已。

"别把青春耗费在这种没出息的事情上！"朋友们屡次劝我，他们认为我是个大傻瓜，一辈子也不会去别处闯闯。

到了80年代，先后在几家商场干过的我升为存货经理。随后，我加盟了霍德逊·汤普森杂货连锁公司。1989年，公司派我去经营一家严重亏损的商店。说来也巧，它正好是16年前让我从当包装工起步的那家西南食品超市。

我并没就此满足，依然一心想着接受更大挑战。没过一年，我和妻子韦尔琳集中我们的全部积蓄（大约3.5万美元），获得了银行提供的抵押贷款，说服公司把这家超市卖给了我。

作为老板，我通过提高雇员的薪水，让他们明白工作干得好会得到酬劳。我同时瞄准白人顾客和黑人顾客大做广告。不久，一个亏损30万美元的商店开始盈利了。

这一成功的尝试使我们大受鼓舞，我和韦尔琳开始四处寻找其他经营失败的商店，设法让其起死回生。今天，我们已经拥有8家商店，一年的总营业收入达5200万美元。

每当新增加一家商店时，我都牢牢记住那些孕育成功的小事。每逢星期四，我都要去巡视其中的一家商店，像当年那样站着为货物打包。

我父亲用一桶清洗液和一把钢丝刷、头顶烈日为我上了重要的一课：每一件工作都好比签名，你所干的工作质量实际上等于你的名字，只要你脚踏实地，埋头苦干，迟早会从众人当中脱颖而出。

真正的尊敬

[戴维·贝尔顿，干着体面的律师工作，他讲述了自己少年时代如何拒绝毒品和犯罪诱惑的经历]

在低收入住宅区，男子汉的勇气每天都要受到挑战，即便你是个小男孩。因此，当我读到关于青少年凶杀案的推断"他死于一双运动鞋"时，我知道其实并非有人想穿这种鞋。

我是在纽约费伦山的一个低收入住宅区长大的，那儿离该市最乱的地段有一两个街区远。一天下午，我手拿一袋油炸土豆片，走进我们居住的大楼，那时我9岁。一个十三四岁的男孩拦住我，要我把土豆片给他，我拒绝了。

那男孩走上前来，喝道："听见没有？把土豆片给我！"

那些油炸土豆片是我想象中的"运动鞋"。我暗想：如果今天我放弃了这土豆片，明天我将放弃什么呢？他摸出一把刀子，但我不愿把土豆片递过去。他挥刀朝我刺来，我拔腿就跑，手里紧紧攥住土豆片。

当我跑到家门口时，我感觉到背上湿漉漉的。我脱下大衣，看见上面有血迹。伤得倒是不算太重，但刺我那男孩毫不在乎刀子是否刺中我。我的生命原本会在某篇新闻报道里终结——"他死于一袋油炸土豆片"，只因我跑得快得以幸免。

母亲始终没发现这件事，不过她非常清楚孩子们面临的危险。她靠帮人打扫房间供养我和6个姐妹，因而不可能一直看着我们。一天，她带我去费伦山男童俱乐部。那里的体操教练是一个名叫比利·汤姆斯的汉子。他知道在低收入住宅区，你的男子汉气概可能会受到挑战，然而他向我们提供了另一种挑战。

有一年，俱乐部举行健身比赛，其中一个项目是仰卧起坐。我练习了好几个星期，满有把握地认为没人能击败我。轮到我上场时，我一口气做了几百个仰卧起坐。当我数着别的选手做的次数时，我知道我稳操胜券了。谁知最后那个男孩报告他的得分时，竟夸大其辞说他足以超过我。

我被激怒了，不由得攥紧拳头。汤姆斯教练是按诚实的规则进行比赛，但他有办法将怒火和怨恨变为积极的东西。他叫我为来年的比赛更刻苦地训练，从而证明我是坚持到最后的赢家。第二年，我果然以遥遥领先的分数夺得了冠军。

男童俱乐部的人让我懂得了做个好公民的种种道理。然而，正是比利·汤姆斯向我灌输了最重要的一课：健身比赛的奖杯或痛打企图偷你东西的家伙，并不能使你得到真正的尊重。真正的尊重来自你的内心深处。

成功 绝无偶然

这一认识使我在上中学时没有像同龄人一样吸毒和酗酒。同学们戏称我为"U",那意思是古板守旧的家伙。但时隔不久,朋友们开始尊重我。在一次篮球赛后,有人试图递给我一支大麻烟,另外的人便说:"别给他,他不会那玩意儿。"

今天,我在南卡罗来纳州哥伦比亚城开律师事务所,还是当地男童及女童俱乐部的主席。平时我经常免费为少年犯担任辩护律师。当我打量一些年轻的被告时,我看到太多的孩子像我童年时的伙伴。每当这种时候,我总是暗暗庆幸:倘若不是比利·汤姆斯教练,我可能会成为那些孩子当中的一个。

梦想成真

[当一名小学教师或许并不是什么崇高的理想,但贝若·彭黛尔在当了17年打扫卫生的校工后,仍然没有忘记自己的梦想]

我忘了二年级老师乔伊丝·库柏那天提的数学问题,但我永远也忘不了自己的回答"16"。这数字我一说出口,各班同学立即哄堂大笑起来。我简直无地自容,感到自己是世界上最愚蠢的人。

库柏夫人严厉地注视着全班同学,稍后她说:"我们都是在这儿学习。"

另一次,库柏夫人让我们写篇作文,谈谈各自的理想。我写道:"我想当一名教师,如同库柏夫人那样。"

她在我写的作文上批注道:"你将成为一位出色的教师,因为你有决心，并愿意为此而努力。"之后的27年中，我心中始终没忘记这位老师那一段话。

我中学毕业后跟机械师贝恩结为夫妻。不久，女儿拉托妮亚降临人世。为了勉强维持生活，我们需要精打细算，设法节省每一分钱。这样，我几乎谈不上念大学乃至当教师了。

尽管如此，我依然打起精神在一所学校当校工。我每天要打扫纳里莫尔小学的17间教室，包括库柏夫人那个班的——她调到了这所学校教书。

我对库柏夫人说我仍想教书，她重复了当年她在我的作文上批注的那段话。但我们家的经济状况太紧张，我显然不可能辞职去读全日制大学。10年后的一天，我考虑起自己毕生的梦想来。我多想工作、读书两不误啊！可是要做到这一点，我需要每天早上赶到学校拖地板，而不是只在下午才去。

我跟丈夫和女儿谈起这件事，总算定了下来：我将报名去上弗吉尼亚大学。接连7年，我一边工作一边上学。在没课可上的日子，我则去为库柏夫人当教学助手。

我时常怀疑自己是否有毅力完成学业。第一次考试不及格后，我言谈中流露出了放弃的意思。但妹妹海伦说什么也不赞成。

"你渴望当一名教师，"她说，"你如果半途而废，就永远实现不了自己的梦想。"

海伦深知不放弃的重要性，她一直在跟糖尿病作斗争。当我们俩都感到沮丧时，她就会说："你将会完成学业当上教师——咱们都将战胜困难，战胜病魔。"翌年，海伦死于糖尿病引起的肾衰竭，年仅24岁。

1995年5月8日，我朝思暮想的这一天来到了，我终于从弗吉尼亚大学毕业，获得了学士学位，以及正式批准我当教师的教师资格证书。只不过还没有现成的教师职位。

我连续去了几所小学自荐求职。在科尔曼地方小学，校长杰妮·托姆林逊说："你看上去好眼熟。"原来，她以前在纳里莫尔小学工作了10多年。我替她打扫过办公室，所以她还记得我。

就在我刚签了作为校工的第18次合同后，科尔曼地方小学来电话通知我，该校有了一个职位空缺，要我去教五年级。

我开始教师生涯不久，便出现了跟我读二年级时类似的一幕。我在黑板上写了一个尽是语法错误的句子，然后教学生上来更正错误。一名女孩子改了一半，就尴尬地停了下来。其他的同学幸灾乐祸地哄笑起来。顿时，眼泪像断线的珍珠似的顺着她的脸颊往下掉。

我拥抱了一下她，让她喝口水。继而，我想起库柏夫人的话语，目光严厉地对全班同学说："我们都是在这儿学习。"

（阿枫　编译）

田壮壮高升记

田壮壮曾就读于古城一所中等职业学校酒店服务专业，那年，他还不到17岁，就和另外几名同学被学校安排到一家火锅城实习，工种是传菜员。

壮壮似乎天生就是个乐天派，即使每天重复这样简单的劳动，也是乐呵呵的。总是让后厨师傅往他的托盘里多放菜，托盘上高高摞起的菜像座小山，让人提心吊胆，可壮壮却若无其事地、杂耍般地穿梭在各个餐桌、包房，这是壮壮在学校里练就的过硬的功夫。闲暇的时候，壮壮就帮后厨的师傅做事。一次，后厨的一个插座出了问题，羊肉切片刀不转了。插座在案板的下面，黑黢黢的，还有一股难闻的气味，师傅们你看我，我看你，露出为难的神情。壮壮见了，说："我试试吧。"说完拿着手电筒和螺丝刀就钻了进去，一会他满身满脸脏兮兮地小丑一般从里面爬出来，说："修好了。"

店里的人都知道壮壮能干，活忙的时候就会喊"壮壮，过来帮忙"。壮壮总是应声而到，帮着卸货、掏水井、运垃圾。同学都说壮壮傻，认为店里的人欺负他，为他打抱不平。壮壮还是憨笑，说多干点儿又累不到哪儿去，气得同学都不帮他了。一晃儿，一年的实习期满了。同学们聚到一起商量着去留的问题。有的说：每天早九晚九，太绑身子了，一点儿自由都没有。有的说：经理太苛刻了，有点儿错就扣钱，没人性。有的说：在学校学了那么多技能，在这儿就是传菜，英雄无用武之地。大家一致决定离开，壮壮却不这样想。

壮壮最终没有走，经理还让他做传菜员的组长。不过壮壮没有做组长，他向经理说要做前台服务员，经理愣了一下，可还是点了头。

穿着店里的制服，每天微笑着迎送往来的客人，壮壮心里很知足。他在后厨常听师傅说起各道菜的口感特点和保健功能，熟稔于心，现在派上了用场。他亲和的憨笑和流利地讲解每道菜的特色让客人很满意，以至有的客人还专点他的服务。

壮壮的同学都走了，店里又从社会上招来一批服务员，他们都比壮壮大，平日里，壮壮都是"哥哥姐姐"叫得很亲。一次，一个叫丽丽的服务员错将客人点的"猪肉"听成了"鹿肉"。按店里的规矩，记错菜要自己包赔的，鹿肉很贵，丽丽急得要哭。壮壮看到了，说："丽丽姐，别急，我来想办法。"那天晚上，壮壮使出浑身的解数向客人一遍遍推销鹿肉，又一次次被婉拒，壮壮没有灰心，终于在第五拨客人那里有了结果。丽丽姐很感谢壮壮。

不觉又是一年。有同学在烧烤店打工，说那里的工钱比火锅城高，捎话让壮壮过去，壮壮有点儿动心了。他找到经理，说月底不干了，他不会说谎，说了烧烤店的工钱。经理说他的事月底再定。壮壮一如既往地做自己的事，同时也在想下月去烧烤店的事。

月底的前一天，经理找到壮壮，说下个月让他做前台领班，工资翻一倍，还放他一天假，让他回去准备准备。壮壮呆呆地看着经理，一时说不出话来。隔天上班，壮壮好像变了一个人，穿着一套黑色的礼服，头发直立，还有一绺黄毛，亦庄亦谐的扮相有些另类，不过帅气。员工们见了，都抿嘴偷乐。可乐归乐，很快，他们发现这个往日憨笑的小弟弟变得严肃了。他时常督导员工主动、热情、礼貌待客。要求服务员熟悉菜肴特点，善于推销菜肴与酒水，俨然一副"小前辈"的样子。

盛夏的一天，一伙客人在包房里吵闹起来。原来客人预订的包房空调突然坏了。大热天没空调怎么吃火锅？可空调一时修不好，其他包房又预订出去了，壮壮有些为难了。客人满脸怒气地往外走，壮壮赔着笑脸赔着不是地跟了出来。这时，壮壮好像想起了什么，忙招呼出租车过来，先垫付了车钱，又打开车门，回头对怒气冲冲的客人说："先生，如果不介意的话可以到我们火锅城二部用餐，我马上联系，让他们给你们提供最好的包间和最好的服务。"客人看了看壮壮，又看了身边的出租车，相互点了点头，坐进了车里。经理知道了这事，微微地点点头。

做了一年的领班，壮壮已能驾轻就熟了。这天早上，壮壮刚到店里就被请到经理室,他有些忐忑不安,不知自己工作中是否出了什么纰漏。他小心翼翼地推门进去。经理面无表情,用目光审视眼前这个年纪轻轻却办事老成的小伙子,没有说一句话。过了有半分钟,经理点了一支烟,从抽屉里拿出一个信封,厚厚的,摆在桌上,说:"干一年了,你辛苦了,这是你的奖金,拿去吧。以后就别在这里干了。"壮壮站在原地没有动,他没有去拿桌上的信封,而在想刚才经理说的"以后就别在这里干了"这句话的意思,辞退我吗?一年来,自己兢兢业业,不敢有丝毫懈怠,店里的生意也是红红火火,蒸蒸日上,按说经理是不该这时炒我的,可那又是……经理似乎看出了壮壮的心思,站起身,拍了拍壮壮的肩膀,面露微笑地说:"你大概也知道,我的火锅城三部要开张了,你去做业务经理,下周上任。"壮壮呆呆地愣在那里,如同一年前。

  一周后,在古城各大餐馆酒楼的经理中,多了一位叫田壮壮的不满20岁的大男孩儿。

(胡晓龙)

成功必备的八种理念

少女时的康多利扎·赖斯曾饱受嘲讽。刚进入中学时，赖斯的成绩很不好，因此很多人预言她这辈子不会有作为，而她没把这些话语放在心上。她以曾是大学生的祖父为榜样，一心扑在学习上。15岁时，赖斯考入了丹佛大学；19岁时，以优异的成绩毕业；41岁时，赖斯成为斯坦福大学历史上最年轻的教务长，也是第一个黑人女性获得如此显赫的地位。2001年，赖斯成为美国历史上第一位黑人国家安全事务助理。2005年，赖斯成为美国历史上首位黑人女性国务卿。

是什么使这名黑人女子走上了事业的巅峰呢？在一次电视采访中，赖斯用简短的话语概括了自己获得成功的经验："勤奋工作、严格自律、积极向上。"

作为一名心理学家，我曾与许多运动员、经理、艺术家以及其他行业的成功人士打过交道，我发现了他们身上共同拥有的八种理念：

确定梦想的方向

青少年时期的阿诺德·施瓦辛格骨瘦如柴,却立志要当一名举重运动员。亲戚朋友都嘲笑他,父母也劝他放弃这种想法,他没有接受,而是全身心地投入到了训练之中。每周三次,他去健身房接受教练的指导与训练,而在家中,他每天晚上都要训练几个小时。1966年,在德国举行的欧洲健美锦标赛上,19岁的阿诺德获得了"欧洲先生"称号。此后,他又获得了五届环球先生(世界健美冠军)与七届奥林匹克先生的荣誉。接着,他步入影坛,成为了电影史上最卖座的演员。今天,他以美国加州州长的身份成为了美国梦的现实典范。他不但实现了他的梦想,而且大大超越了他的梦想。美德会给一个人带来好的回报,但勤奋工作并不一定能带来好的回报。所以,你必须给你的工作确定一个方向,尽早树立目标,然后为了达到目标而竭尽全力。

有规律地工作

心理学家加里·福瑞斯特在坚持临床实践时,一共写了14本著作,这让许多人特别是他的同行为之惊叹,他能做到这一点,是因为他为自己建立了一个"写作绝对处于第一位"的生活模式。每周一上午,从9点开始,他会一直写到11点半。然后跑步、吃午饭。之后,又继续写作,直到下午4点。在写作的时候,他绝不会让电话、差事或者家庭琐事打扰。除周一外，福瑞斯特每周还会写上两到三天。周一的写作是雷打不动的，因为周一他要安排好本周的写作进程。想要有收获，你要努力工作，而且，你的工作必须有规律，每一步都在严格中进行，以及抱着劳有所偿的信念。

正视自己的弱点

《经验之谈》一书的作者摩根·麦科尔耗时多年去观察一些成功的管理者为什么最终一败涂地。他们在书中写道："这些人只看到自己的优势，而很少努力去改正或者根本不愿意去正视自己的不足之处。最后，他们被这些'弱点'打倒在地。"一个真正出色的人，不是重复去做那些蒙着眼睛都能做的工作，而是集中精力去攻克那些尚未改善的领域，也就是我们所说的弱点。

自己奖赏自己

我曾做过多年运动员的心理顾问。我发现很多雄心勃勃的运动员常常体力不支，而原因是训练过度。他们的训练一场接一场，好像从不知道停歇。而且我发现，他们在取得成绩时，也不奖赏自己。其实，自己奖赏自己也是一种促使你进步的动力。不管你从事什么工作，都应该为自己的进步而奖赏自己。如果你顺利完成了一天计划的工作，不妨奖励自己一场电影。如果你是一名跑步运动员，这个月你能够坚持按照计划进行训练，那么不妨奖励自己一双新的跑鞋。我相信，这样的奖赏会鼓励你为了心中的梦想而去更加努力奋斗。

善于总结

　　1995年，圣地亚哥牧师队的外场手托尼·格温获得了他运动生涯中的第六次国家队击球冠军。他巨大的成功与一堆录像带有着极大的关系。每一次击球时的场景，格温都让人用录像机拍了下来。在次日训练之前，他反复重温这些场景，从中找出不足之处，然后在接下来的训练中努力去克服。做生意也好，搞研究也好，制作一个直观的记录是很难的。但是，在结束一天的学习或者训练的时候，你可以回顾这天学习或者训练的内容，并且问自己："我今天收获了什么？哪些方面需要改善？我应该为明天的工作做点什么准备？"

学会休息

　　K·安德斯·埃里克森发现优秀的音乐家都有午睡的习惯。经过一段时间的训练，休息一下，即使只是半个小时，也能使体力和精神得到很好的缓解，这样，下一阶段的训练就能有效地进行下去。我遇到过很多人，特别是那些业务主管们，他们认为努力工作就是指不间断的工作。他们却没有想到，过度劳累的结果往往是事倍功半。如果你带着疲倦继续工作，就很容易出差错，之后你又得花时间和精力来纠正它。更糟糕的是，疲倦会导致你办事马虎大意，而最终有可能成为一种可怕的习惯。妥善安排好你的作息是一件大事。在家里，你可以午睡。然而，即使在办公室，你也应该学会在一段紧张的工作之后放松一下。

在鼓励中奋发

在工作与学习中，你需要有人鼓励，需要有人告诉你"干得棒极了！"几年前，我曾教一帮孩子打篮球。我对孩子们的父母说，如果有空，最好能够到现场观看孩子的练习比赛和正式比赛。大部分孩子的父母都来了。结果，孩子们的表现非常出色。偶然的一次机会，我的一个学生碰到了一位NBA球星，他问了球星一个问题：成功的原因是什么？球星答道：努力工作和父母鼓励。把你的奋斗目标告诉你的伴侣、孩子和同事，在遇到困难的时候请求他们的帮助。你需要他们。而在他们向目标进取的时候，你也别忘了给予鼓励与支持。

别把工作当成惩罚

10年前，我在南加州大学攻读博士学位。为了早点儿取得学位，我在车库给自己搭建了一个临时书房。每个周末我都在那里"闭关学习"，杜绝与外界的一切来往。一个星期天，一个朋友邀请我的家人去迪斯尼乐园游玩。朋友给我打电话："嗨，约翰。我敢打赌，你肯定想和我们在一起！"说实话，他的话让我心动。我还发了一通牢

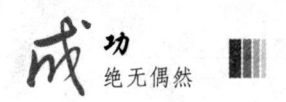

骚。因为他们在尽情地享受生活，而我却坐在热烘烘的车库里受罪。但是很快，我对自己说："约翰，你为什么要坐在这里。因为你想成为安德森博士。"这个想法顿时让我将诱惑抛开，重新将精神集中在书本上。社会学家兼作家约瑟夫·康雷德在他的一本著作中写道："在工作中，你才有机会发现自己。"我非常赞同他的这个观点。如果你把工作当成惩罚，你将永远无法达到你的目标。

（庞启帆　编译）

挺 住

　　大学毕业前夕,我和学友们踌躇满志,相互真诚地祝福事业发达家庭幸福心想事成……然而祝福毕竟是祝福,心想事成也许从来都是一句祝愿话,走出学校大门,才发现我们曾经的壮志豪情是那么的天真。

　　原本联系好的单位,待去报到时他们又附加一项条件:需先交纳一万元钱方可接收。这个数目对于某些人来说也许根本算不得什么,而于我则无异于一个天文数字。父母为了供我们读书,已经是节衣缩食,简朴得不能再简朴了,现在即使把全部家当变卖,也还是远远不够的。何况我怎么能开这个口呢?

　　然而,更糟的事还在后边。回到家,我还没来得及向父母解释工作的事,父亲由于过度劳累突然病倒了。柔弱善良的母亲,尚小的弟弟妹妹,一齐看着我。我知道,我是家里的顶梁柱了。于是在那个夏天,我一边东颠西跑借钱为父亲治病,一边奔波在城里找工作。

　　我带上求职材料,敲开一家一家公司的大门。那些可以主宰别

成功 绝无偶然

人命运的公司领导们，大部分在听完我的简介和简单地翻几下我精心准备的材料后说，虽然你不错，可我们不进人；有的更干脆，不等你把话说完就一脸的不耐烦："走吧，走吧，我们不需要，现在大学生遍地都是。"一次次的失望，我几乎开始怀疑自己是否一无是处了。

那时候已是暮秋了。父亲的病虽已好转，却欠下了近万元的债；我的工作依然没有着落。徘徊在小城繁华的街道上，看身边熙熙攘攘的人群，我感觉自己像是一枚在风中飘零的落叶，我想找个地方抚慰一下我那悲凉的心，可是那时爱情也离我而去了。

曾经的女友挺认真地说，安子，爱情是一回事，婚姻又是一回事。我知道现在的自己家徒四壁债台高筑一无所有，我虽然爱她却不能给她任何承诺。在现实面前，爱情是那么虚幻、那么苍白无力。看女友一步步走出我的视野，我的心也被一点一点掏空，难以名状，却没有眼泪。

我知道，真正的汉子所承担起的不仅是痛苦失意，还有责任。为了不让弟弟妹妹辍学，为了债务，为了贫困交加的家，我必须挺住！于是我把那些材料、证书统统丢在箱底，跟着招工的建筑队南下。

在工地上，我做小工，拖料、和泥、搬砖、搅灰，繁重的体力劳动使我腰酸腿痛，双手被磨得起满血泡。疼痛钻心，我一声不吭，我知道自己已别无选择。后来，老板来工地视察，发现我这个满身是伤的特殊工人，起了同情心。于是，我被安排在办公室做提水扫地之类的杂活儿。出于感激，我就帮他整理图纸资料之类的文件。建筑不是我的本行，可我纯熟的操作微机能力和精到的文字表述功夫让他吃了一惊。当他知道我的经历后说，你最终不会待在这里的，我推荐个地方，你去试试吧。不承想无数次碰壁之后还会有这样的机会，我毫不犹豫地全身心投入，终于找到了一份较为稳定的工作。那时已是初春了。

　　现在我虽然已不在老板推荐的公司工作，可我仍感谢他曾给予我的巨大帮助。他却说是你的故事感动了我，就算当初我不帮忙，你日后迟早也会干一番事业的。我知道老板的话有着夸张的赞许，但回首涉世之初的那段时光，也是感慨万千。

　　是的，生活有时会开近似严酷的玩笑，使你断了退路，甚至没有回旋的余地。但是，你必须挺住！无论是世态炎凉，还是人情冷暖，只要挺住了，不被生活压倒，就算历尽风霜雨雪，终会苦尽甘来，终会有一个公平的回报。就像那首歌所唱的：不经历风雨，怎么见彩虹？没有人随随便便成功……

　　涉世之初的朋友，挺住了！

（安晓庆）

低头走进　昂首走出

人的一生有许多个转折点，每一个转折点都可能改变一个人的活法。我的生命中最大的一次转折是我16岁那年。1978年4月28日中午，当我面对沈阳市第17中学的大门发誓的时候，我已经完成了我生命中最重要的一次转折。也是从那一时刻起，我明白了：没有人丈量你流了多少汗水，人们只能记起你收获了多少果实。

1978年4月，我结束了8年随父走"五七"的乡村生活，回到了沈阳。那几天，我几乎跑遍了沈阳城，好像要把8年的损失都抢回来似的，那种高兴劲儿没法形容。可这种高兴的日子只过了几天，就被一种从未有过的沉重代替了。那是4月28日上午，我穿着新衣服跟着父亲走进了沈阳市第17中学——我家所在地的中学，教导处主任把我领到了初二（7）班班主任老师的面前（因为我家所在地区的学生应该进这个班），可这位老师当着我的面告诉教导主任：这个学生我不收，农村来的孩子，学习都差，我不想让他给全班拖后腿……我低着头跟着教导主任走进一个又一个班主任老师的办公室，又低着头走出了一个个班主任老师的办公室。最后，是学校的优秀班主任姜老师收下了我，我当时给姜老师深深地鞠了三个躬，眼含着热泪一句话也没说就跟着父亲离开了学校。当我走出校门时，回过头来，看着那已经没有了油漆的破旧的校门，我的心在流血，我在心里发誓：今天我低头走进这个大门，有一天我要扬着头走出这个大门，等着瞧吧！

我下乡的农村非常落后，8年里我没见过电灯，只能点油灯度过黑夜。那里的教育也是非常落后的，我就读过的小学和中学，常常是小学毕业的人当小学教师，中学毕业的人当中学教师，教学水平就可想而知了。可我当时不知道这些，只知道自己是好学生还是班长。我在那个小山村，一直是老师的好学生，非常快乐地度过7年的学生生活。

回到城里，我突然明白了我不是个好学生，而是一个要拖别人后腿的差学生。事实证明也确实如此，同学学过的许多知识我都没有学过，语文分不清平翘舌写不好作文，数学连最起码的因式分解都不会用复杂一点的方法做，物理、化学连最起码的实验都做不好，而英语我是一点也没有学过……姜老师对我说：你要是想好好学习，我找老师给你补课，我羞愧地点点头。从1978年4月28日起，一年半的时间里，我没有笑过也没有哭过。第一个学期，我每天都是上午上课，下午老师给我补课，每一个老师都热心地帮助我，因为他们看得出，这个孩子挺要强的。那时，为了争那口气，为了不低头活着，我每天早晨4点半就起床，背英语背定理背课文，下午两点半一放学，我就去省图书馆的阅览室看书，晚上，还要温习各科老师给补的课，每天我的作息时间都是从早晨4点半到晚上9点半。那时我才16岁，在农村养成了好动好玩的习惯，城里的新鲜事又多，自然也想玩，可每次都是刚一玩起来，眼前就出现了那几位不要我的班主任的身影，于是就又拿起了书。就这样，我过了半年几乎是苦行僧的生活。就在半年后，全校举办数理化知识竞赛和作文竞赛，当时我们初中二年级共有10个班500多名学生，而在那次竞赛中，每一项我都是前10名。而我成绩最好的是物理，因为原来不收留我的七班的班主任老师就教我物理课，我一心想让他明白，他犯了一个大错误，他不要的学生是能给班级带来荣誉的好学生。我的愿望实现了，那位老师第一个祝贺我，而我深深地给他鞠了躬，并告诉他：我应该谢谢您，要是您当初要了我，也许我真是个拖后腿的学生，是您的举动刺伤了我的自尊心，才有了后来的学习劲头……那一天，所有教过我的老师都来祝贺我，教导主任也来祝贺我。我明白，从那一天起，我可以在这个学校抬起头来走路了。可我的目标还没有实现，我要昂着头走出这个学校！

初三刚刚开学，为了学校能多有几个学生考上重点高中，学校又通过考试分出两个重点班，我又考上了最好的一班，还被选为初三全年级的联合团支部书记。那时，我又面临着一个新的挑战：当联合团支书是要经常讲话的，而我口吃非常严重。为了能做好工作，我又开始了艰苦的锻炼，有意在人多的场合多说话，有意在课堂上多发言……还有许多我自己总结出来的改造方法，我想那是我的秘密了。我不再怕发言了，只要一站起，我说话就非常流利，而在平常的生活中却还有点口吃。去年，因为我经常写一些人生话题的随笔，被我所在城市的几家电台和电视台请去谈人生，我与听众直接对话，回答他们提出的问题，有些是自己从来没有想过的问题，我也没有口吃，一个小时的直播节目非常顺利。那半年，我进了几十次直播间，没有一次口吃过。今年的一次同学会，几个听过节目的同学都问我：你真的不口吃了？过一会他们就发现我又口吃了。我告诉他们，只要面对的是严肃的事和严肃的场合，我就不口吃了，因为我把自己训练出来了。

初中毕业，我果真考上了重点中学，学校举行了非常隆重的欢送仪式。当离开母校时，我哭了，而且哭出了声，但我是昂着头哭的。我知道，我已经有了昂着头的资格了。那是我一年半的时间里第一次哭。那时，姜老师走过来握住我的手，她也哭了，我仍然和当初她收留我时一样，一句话也没说，深深地鞠了三个躬。然后，我又找到了那位没有收留我的第一个老师，给他深深地鞠了三个躬。最后，我又给我的母校深深地躬了三个躬。然后，我大踏步地走了，走时，我真的把头扬得很高很高……那是1979年7月末的一天上午，那一时刻，我鞠了9个躬，是发自内心地想那样做，因为那个年龄我还没有学会虚伪，我当时只是一心想感谢那所学校，是那里的人们让我第一次明白了我应该怎样做人。

成功
绝无偶然

一晃儿17年过去了，这17年间，我在工厂工作过，在机关工作过，在报社工作过，可我的工作始终都是出色的，因为我的大脑中时刻都在闪现一扇门——一扇几乎没有油漆的破旧的门，那是我生活了一年半的沈阳市第17中学的大门，我曾低着头走进去又昂着头走了出来。在后来的17年时间里，我低着头走进过5个大门，又都是昂着头走了出来。现在，我成了一个靠写作为生的人，几年来写了近百万字，近来我才发现，我写的文章只有一个主题：昂起头！

17年真的过去了，我的生命还会有几个17年呢。我想，我的人生路上还有进门出门，但我时刻都会记住17年前的让我刻骨铭心的那扇破旧的大门，我好像一辈子都站在那扇门前……

(王书春)

熟记人名

两年前,我们搞了一次大学毕业十周年的聚会。相别十年,难得一聚,见面时却偶有尴尬场面出现:当一个同学非常亲热而又准确无误地叫出另一个同学的名字时,被叫者却怎么也想不起对方的姓名了。这不免给人以贵人多忘事的感觉。连老同学姓名都记不住了,自然让人兴味索然。

一位朋友还告诉我这么一件事:他研究生毕业后分到一家杂志社工作。杂志社总共才十几个人,可工作了两三年,主编还老叫不出他的名字,有时"小小小"了半天,是张是李还无下文。我这位朋友本来各方面都还不错,领导这么心不在焉,他便一纸辞呈,索性让主编大人永远不再为叫不出部下的名字而结巴了。

能否叫出一个人,尤其是熟人的名字,看似小事,实则对人际交往影响颇大。早些年,先后读过几篇回忆周恩来总理的文章,作者有的是文艺工作者,有的是教师,也有普通劳模。几篇文章不约而同地提到,周恩来见过自己一两面,如何事隔多年又相见时,便一下子叫出自己的名字。一个日理万机的总理,心里能记住一个普通工人或教师的名字，一直让当事人十分感动。由此以小见大，人们认为总理是个有心人，心里装着人民。这样的总理，让人觉得可亲可敬。简简单单的名字，一声呼叫，便能拉近距离，消除隔膜，沟通心灵。

说到此，我们不觉想起了一则古代帝王轶闻。宋人王谠（唐语林）记载：唐宣宗记忆力很强，宫廷中那些职位很低、地位卑下的仆役之类，几十上百人，一见面就能记住他们的姓名。有时要支使人，他必定说："召某某让他置办某件事。"他叫人的名字，从来没有差错。宦官宫婢都觉得很神奇。公文簿册上刑狱卒吏这些小人物的姓名，又多又杂，只要是宣宗皇帝看过的，大多也能记住。

我们知道，皇帝也是人，皇帝的记忆也有好有坏。宣宗皇帝记忆力极强，尤其擅长记人名，倒是件挺有意思的事。大人物能记住小人物的姓名，常会使小人物受宠若惊，不胜荣幸。而某些并不大的领导，总是叫不出几个部下的名字，过了很久还老叫错人名，总让人觉得他心不在焉。有个一官半职的人，无论记忆力好坏，用心记住人名（尤其是下属）是很有必要的。

记住人名，对领导者是领导艺术，对普通人是处世待人之道。而熟记人名，在商家的公关活动中也是很有作用的。在公关活动中，公关人员如果能叫出别人的姓名，那么对方一定会感到亲切、融洽；如果叫不出对方的姓名，那么对方一定会产生疏远感、陌生感，增加双方的隔阂。

有个叫戴尔·卡内基的人问吉姆成功的秘诀。他简单地回答说："勤奋。"戴尔忍不住说："别开玩笑。"吉姆反问道："那么，你认为是什么呢？"戴尔不好意思地说："听说，你记得一万人的姓名。"吉姆纠正道："不，不止。我大概可以叫出五万人的姓名。"

吉姆在身居要职之前，是一家石膏公司的推销员，就在这个时候，他发明了牢记别人姓名的方法：与别人初次见面时，就把对方的姓名、家庭情况、政治见解等牢记在心，下次见面时，不论相隔半年或一载，都能一下子叫出对方姓名，问问对方家里人的情况，以及院子里树长得怎么样之类的问题。因此，他获得了许多人的喜爱和信任。

看来，熟记人名其妙无穷，有益无害。用心去记住与你交往者的姓名，这样定会使你的交流更顺畅，人际关系更和谐，工作更加自如。记人名，贵在留心、用心、诚心。有"心"者，事竟成。

（范　军）

"与之"与"反之"

西班牙作家葛拉西安在他的传世奇书《智慧书》中写道:"胸襟狭隘、锱铢必较的人,除了眼前的小利益,在他们的命运里再没有搁更大好运的地方;而那些具有王者风度的人,其收获也往往与他们的雅量相当。"一个人如果不会抢占有利于自我发展的制高点,当然成不了自己命运的主人。然而如果仅仅只会在争处而争、在利处看利,却也很难有大的成功。许多取得巨大成就的人士的成功之处,恰恰就是在一个"让"字上……

比尔·盖茨这个名字,在当今世界可以说是无人不知无人不晓。他的成功不仅仅因为他是个电脑天才,还在于他具有把握市场商机的卓越智慧。二十世纪八十年代初,计算机的开发、应用和推广的条件已经成熟,然而各计算机公司却是"人人握灵蛇之珠,家家抱荆山之玉",各家操作系统技术极端保密。你在哪一家买的计算机,就只能使用这家的软件,相互之间不能兼容。这不但极大浪费了软件开发中的智力资源、物力资源,也给电脑的使用者带来极大不便。比尔·盖茨清醒地看到了这其中蕴藏着的商机,于是他极力说服了与他合作的 IBM 公司，把自己开发的 MS—DOS 操作系统的技术向全世界公开。

　　1981 年初，当比尔·盖茨把自己的行业秘密公开之后，各路"诸侯"凭借行业秘密筑起的堡垒顷刻间土崩瓦解，几乎是在一夜之间所有的计算机都用上了 DOS 操作系统。以后比尔·盖茨又不断开发完善 DOS 系统，直到今天，微软公司开发出来的视窗系统，一直执计算机操作系统的牛耳，可以说凡是拥有电脑的人都在与比尔·盖茨的智慧共舞。比尔·盖茨向同行出让了自己的行业秘密，把自己投巨资苦苦开发成功的 DOS 的技术秘密公开，看似是不可思议之举，实则乃大智若愚。因为他把源代码掌握在自己的手里，使别人只能成为该系统的复制者或使用者，而不能升级换代。就这样，比尔·盖茨不但一举改变了"诸侯割据"的局面，为自己打开了一统天下的局面，而且还落得个慷慨大方的美名。

　　在联合国总部所在地的纽约第六号街上，有一座 53 层的大厦，这就是掌握着全球石油命脉的洛克菲勒公司的埃克森总部，它巍峨耸立，仿佛在默默地诉说着一个传奇故事。第二次世界大战结束后不久，各战胜国共同发起成立了一个处理世界事务的组织——联合国。但各国首脑们却拿不定主意把总部建在什么地方。总部理应选在一座繁华都市，可大城市的地价高昂，刚刚起步的联合国总部实难支付得起；若把总部建在小城市，地价会便宜很多，但又与其地位不匹配。就在各国首脑举棋不定的时候，石油大王洛克菲勒的后

人小洛克菲勒听说了此事，立刻出资870万美金在纽约买下一块地皮，无偿送给联合国总部。与此同时，小洛克菲勒又悄无声息地买下了与联合国总部毗邻的全部地皮。当联合国大厦建成后，四周的地价一路飙升。至于他最后赚了多少个870万美金恐怕就没有人能算得清了。

欲取之必先与之。这虽然是老生常谈了，但平庸之辈所缺乏的恐怕正是"与之"的气量。只有深谋远虑的智者，才愿意把自己的种子送出，然后得到多得多的回报。从比尔·盖茨和小洛克菲勒的故事我们可以感悟到：要想成就一番大业，就要从传统、狭隘的局部利益中跳出来，打破常规的思维模式，有智慧有胆识，才有可能建超人之功。而总是在毫无创意的设计中行事，总是只看到眼前利益的人，也许会在原始积累阶段做出一番成绩，但永远不可能成就大事业。

（杏　仁）

孙思邈不朽的医德宣言

如果说古希腊医学家希波克拉底曾经写过一篇医德《誓言》，并且作为西方医学界的道德规范一直沿用了两千多年，那么中国七世纪著名医学家孙思邈所撰写的《大医精诚》，就是一篇更全面、更系统、更深刻的医德宣言，它备受历代医家推崇，传之后世而不朽，一直作为中国医学界的医德规范沿用至今，而且产生了巨大的国际影响（如日本、朝鲜及东南亚一些国家，人们十分推崇孙思邈的高尚医德）。

孙思邈（公元581—682年），自称孙真人，京兆华原人（今陕西耀县），唐代著名的医学家、药学家和养生学家，亨年102岁，是我国医学史上罕见的高寿者。他医术精湛，医德高尚，毕生行医八十多年，素以救死扶伤为己任，热忱关心群众痛痒，普救患者疾苦，被人们尊称为"药王"，故陕西耀县至今仍有药王山和药王庙等纪念地。孙思邈毕生著述颇多，但流传至今的只有《备急千金要方》（简称《千金要方》）和《千金翼方》两部医药学巨著。《大医精诚》这篇光辉的医德文献，就收录在《千金要方》一书里。

《大医精诚》全文仅875字，文字极其简练而内容却十分博大精深，可谓言言金石，字字珠玑。从命题来看，是说道德学问都很高的"大医"必须突出"精诚"二字。所谓"精"，即医术一定要精通，具有为广大患者解除疾苦的高超本事；所谓"诚"，即待人接物要诚心诚意，要忠心耿耿，竭诚尽智地为患病群众服务。凡历代业医者，对孙氏此文无不反复诵读，并且奉为圭臬和经典，用来作为指导自己行医的道德规范；直到今天，各医药院校特别是中医药院校，仍然把《大医精诚》列入医学教材之中。此文所述医德规范，大致包括了以下几个方面的内容：

一、敬业乐业，钻研医术、精益求精

孙氏明确指出，疾病千差万别，千变万化，有的表里不一，似是而非，很难作出准确的诊断，而动辄关系着人们的生命安危。如果医方乃"艺能之难精者也，既非神授，何以得其幽微"？唯有"志存救济"，即以治病救人为己任而又"用心精微"的人，才能真正掌握它。倘若将治病救人这样精细之事，交给那些动机不纯而又粗心大意的人去处理，那就十分危险。所以学医的人必须"博极医源，精勤不倦"，全面系统地攻读和掌握各种医药知识，刻苦深入地进行钻研，绝不可浅尝辄止，仅仅满足于片言传闻和一知半解，那样势必误己害人。"博极医源，精勤不倦"这八个字，历代业医者不但广为传诵，而且还写成条幅挂在书斋或卧室里，把它当作座右铭。然而只有热爱医学、具有敬业乐业精神的人才能在技术上精益求精，真正将上述八个字落实在行动上。孙思邈本人就是这么做的。他从年轻时开始就非常重视攻读医书，直到白发苍苍的垂暮之年，仍然手不释卷地进行钻研，这就是其所以成为德高艺精的"苍生大医"之诀窍所在。

二、对患者一视同仁，不分贵贱与亲疏

孙氏认为，医生必须"先发大慈恻隐之心，誓愿普救含灵之苦"。所谓"含灵"（含有灵魂的）就是指人类。意即医生首先必须具有高度的同情心，要把整个人类的疾苦都当作自己救治的对象。他进而指出：凡属病人前来求治，不管他社会地位高低，是达官贵人还是普通百姓，是富豪还是贫苦人；也不论其年龄老幼和容貌美丑，是亲戚朋友还是陌生人或仇怨人家；更不分是汉族还是少数民族；是中国人还是外国人，是愚笨者还是聪明人，全都平等对待，一视同仁，一律当作自己的亲人看待。孙思邈是这么说的，也是这么做的，尽管每天前来求治的人络绎不绝，门庭若市，却对谁也不怠慢。上自达官贵人，下至贫苦农民，他全都热忱接待，从不因患者贫困而拒绝诊治。

三、治病认真负责，不怕艰险和脏臭

孙氏又说，医生不论在任何情况下，也不管是谁来请求诊治，

医生均不可顾虑重重地先替自己的安危打算，一定要把病人的痛苦当作自己的痛苦看待。凡急症病人或危重患者请求出诊，作为医生来说要做到有求必应，不管路途多么险阻，也不管是白天黑夜，不怕严寒酷暑，也不顾饥渴疲劳，应当立即前往，一心一意地进行救治。对于某些"人所恶见"的"臭秽"病人。医生亦不可产生嫌弃心理。因此孙氏进而写道："其有患疮痍下痢，臭秽不可瞻视，人所恶见者，但发惭愧、凄怜、忧恤之意，不得起一念蒂芥之心，是吾之志也。"对于那些流脓流血的痈疽疮疖患者或痢疾病人，不管怎样又脏又臭，做医生的也不可皱眉锁眼地产生厌恶情绪，更要予以高度同情和关怀，精心予以治疗，使之早日痊愈。这才是医生应当具备的心态。在这一方面，孙思邈同样做得很好。有一次，孙氏出诊时遇到一个流血不止而且已经休克的难产妇女，腥气熏人，臭秽不堪，人们谁也不敢接近，孙思邈二话没说，立即迎上前去施行针刺治疗，终于使产妇苏醒过来，并且顺利产下男婴。由于孙氏抢救及时，使母婴均获安康，病家更是誉之为"神医"而感谢不已。

四．举止文明端庄，不图钱财和名利

孙氏认为，医生要安定神志，排除私心杂念，讲究仪表风度，穿着整齐，举止庄重，文明大方，气度恢宏，不亢不卑。诊断疾病，专心致志，处方施治，不出差错。虽说疾病应当迅速救治，但必须反复深入进行思考。"不得于性命之上，率尔自逞俊快，邀射名誉，甚不仁矣"。倘若以轻率的态度追求速效，企图以此显示自己有本事而沽名钓誉，那就是很不道德的。再说医生来到病人家里，不管主人怎样殷勤款待，也不可开怀畅饮，高谈阔论，放声大笑，须知病人尚处在持续的痛苦之中，如果医生毫无同情心而只顾饮酒作乐，那是可耻的。医生收取诊金要公平合理，"不得恃己所长，专心经略财物"。如果医生凭着自己有一技之长，便挟技资财，故意向患者勒索钱财，那是违背医疗道德的，应当受到严厉的谴责。"又不得以彼富贵，处以珍贵之药，令彼难求，自炫功能，谅非忠恕之道"。倘若遇到富裕病人便故意开处稀有的珍贵药材，使病家无法弄到，以此显示自己本事高超，这样做实在很不道德，同样应当受到严厉的批评。孙思邈行医宽宏大度，从不多收诊金，对于个别贫困患者，非但不收诊金，还常常无偿地馈赠药物和食品。

五、谦虚谨慎，尊重同行

自古以来就有"同行是冤家"的说法，要想妥善地处理好同行同事之间的关系，并非轻而易举的事。孙思邈说得好："夫为医之法，不得多语调笑，谈谑喧哗，道说是非，议论人物，炫耀声名，訾毁诸医，自矜己德。偶然治瘥一病，则昂头戴面，而有自许之貌，谓天下无双，此医人之膏肓也。"认为医生必须谦虚谨慎，尊重同行，不得大声喧哗和纵情嬉笑，不可口出狂言，胡说八道，信口雌黄地道说他人是非长短，肆意诋毁其他医生，打击别人，抬高自己，自吹自擂，炫耀个人声名。偶然之间治好某个疾病，就仰着脖子，两眼仰望上天，自我欣赏，自我膨胀，把自己说成老子天下第一。那样的人委实在思想品德方面患了严重疾病，可说已是病入膏肓，难以救治。此种狂妄自大之人古今中外皆有，他们对人际关系的危害极大。孙思邈的上述批评很对，至今仍然具有深刻的现实教育意义。孙思邈为人非常谦虚谨慎，对同行十分尊重，总是虚怀若谷地学习他人的长处。他曾自我介绍说："至于切脉诊候，采药合和，服饵节度，将息避慎，一事长于己者，不远千里，伏膺取决。"只要听说在同行之中有哪位医生学有专长，在临床医学、药物加工炮制或养生保健方面确实造诣很深，就不怕千里长途跋涉，亲自登门虚心求教，恭恭敬敬地向内行人学习。正是因为孙思邈具有尊重同行和虚心向同行学习的精神，使他能够博采百家之长，因而有助于他在医药学方面取得那么巨大的成就，同时也使他在同行之中赢得了崇高的威信。

在此应当指出，孙思邈的《大医精诚》并非白璧无瑕，如其中宣传因果报应特别是鬼神冥报之说，就有其局限性。但通观全篇，瑕不掩瑜，无疑应当充分予以肯定。在强调加强社会主义医德医风的今天，认真读一读孙思邈的《大医精诚》，对他所提倡的医德思想和医德规范认真加以研究，科学地创造性地继承和发扬，将是有百利而无一害的。

（周　谋）

咬不断的心弦

1969年,朱之文出生在山东菏泽单县郭村镇朱楼村一个贫苦的农民家庭里。在兄妹七人中朱之文是最小的。朱之文爱唱歌,他的理想是当一名歌唱家。可是命运之神似乎不给朱之文这个机会。10岁那年父亲去世,朱之文被迫辍学。但他没有灰心,他坚定不移地向着梦想迈进。他要上学,他要学习唱歌。但是这对于他来说似乎是不可能的。为了生存,幼小的他不得不参加生产劳动。

朱之文为生产队捡粪挣工分。他提着粪篮子,常常在学校外面偷听老师教学生唱歌。听到高兴处,朱之文便跟着教室里的学生一起唱。老师发现了他,第一次、第二次、第三次……有一次,天下起了大雨。朱之文的衣服已经被大雨淋湿了,可是他全然不知,依然专注地跟着老师学习歌唱。老师被感动了,把朱之文叫进了教室里。老师让朱之文给大家唱一首歌:朱之文唱了——他唱的是《红星照我去战斗》。朱之文宽厚而又嘹亮的歌喉震撼了同学,也感染了老师,赢得了阵阵掌声。此后,老师便教朱之文唱歌,教他学习简谱。朱之文天生聪慧,一点就通。很快,朱之文已经把这位小学音乐教师的本领全学会了。

他不满足，他希望自己能唱出像收音机里歌唱家一样美丽的声音。可是在那个时候，收音机可不是一般人家能有的。不过这并不能阻止他对音乐的热爱。村支书家有一台收音机，只要收音机一响，朱之文就会立即停下手里的活儿，跑过去听。在捡粪的时候，朱之文就把听来的歌曲反复地唱，反复地练习。虽然朱之文记忆的歌词与原词有些出入，但是他已经唱得像模像样了。一天，一位收购废品的亲戚给了朱之文一本民歌简谱，这是亲戚在收购废品的时候收到的。亲戚知道朱之文喜欢歌唱，就送给朱之文。朱之文如获至宝。他用小学老师交给他的简谱知识试着学习这些歌曲，很快，他就能唱出更多的歌曲了。

朱之文在歌唱中慢慢长大，歌唱给朱之文带来了欢乐，却不能改变他贫穷的境遇。他最大的愿望就是能拥有一架琴，哪怕是相对便宜的电子琴也可以。可是一台最便宜的电子琴也需要200多元。这对于朱之文来说简直就是一个天文数字。朱之文狠狠心，用一头半大不小的猪换回了一台破旧的电子琴。电子琴虽然旧，但是依然能发出美妙的音符。朱之文无师自通，经过一段时间的摸索，居然能够弹出乐章了。他一边弹着琴，一边跟着琴声学唱。

正当他沉浸在快乐里时，不幸的事情发生了。一个农闲时节，朱之文随村里的建筑队到外村建房。当他回到家的时候，他家那头羊竟然挣断绳索，闯进了他的小屋，正在用脚、嘴扒啃他那架心爱的电子琴。等朱之文把羊轰出屋，才发现他那架心爱的电子琴琴弦已经被羊啃断了。

琴弦断了，但他对音乐的追求没有断。这以后，他用手机从电视上把一些歌曲的伴唱带录制下来，跟着手机里的音乐唱。他一边唱，一边对着镜子观看自己的口型，不断地矫正发音。

功夫不负有心人。2011年，在山东综艺频道《我是大明星》选秀比赛中，一曲《滚滚长江东逝水》技惊四座，其点击率迅速攀升——成为百度第一人。由于参加比赛的时候，朱之文穿着一件军大衣，网友们亲切地称他为"大衣哥"。朱之文出名后，著名歌唱家于文华送给他一架电钢琴，圆了朱之文的一个梦。

而朱之文也越来越红，相继走进了湖南卫视《快乐大本营》、北京卫视《欢乐英雄》、央视《星光大道》等全国著名综艺栏目。2012年初，朱之文参加了央视春节联欢晚会，演唱了著名作曲家王咏梅、词作家车行专门为他量身打造的一首歌曲《我要回家》——这是朱之文拥有的第一首首唱歌曲。当他那雄浑宽厚而又美丽动情的歌声响起的时候，台下传来了阵阵掌声，同时，也感动了亿万观众。

朱之文虽然经历了丧父、辍学的不幸，甚至用一头猪换来的电子琴也被羊啃断了琴弦。可是琴弦虽然断了，朱之文的心弦没有断，他对音乐的追求没有断。须知道，无论什么事儿，只要坚持不懈地追求，就一定有望成功。

（杨金华）

成功
绝无偶然

第108稿

2006年,为了上春节晚会,冯巩、牛莉和朱军一起排练了相声剧——《跟着媳妇当保姆》。

该节目顺利通过第一轮审查之后,他们三人不敢掉以轻心,一起商定:务必精益求精,继续提高质量。而这一次又一次的改稿工作,主要落到了冯巩的身上。

冯巩对改稿工作的负责,达到了一丝不苟的程度。特别是到了排练的后期,为了验证这个作品的演出效果,他拉着牛莉和朱军多次外出试演,见缝插针,有机会就演,最多的时候一天演8场。每场演完他都继续改,一个细节也不放过。改完了再试,不满意就再改。从这个相声剧的对白、包袱,到逗哏的设计,数易其稿。就这样,在反反复复的修改中,一点一点地磨出了许多有趣的段子。到正式演出的时候,这个剧本已经是第108稿了。

功夫不负有心人。按照第108稿演出的《跟着媳妇当保姆》,荣获了2006年春晚最受欢迎的曲艺类节目一等奖。朱军在《我的零点时刻》一书中曾这样回忆与评价:可以毫不夸张地说,冯巩是拿艺术作品尤其是春晚作品当命看的人，完全到了呕心沥血的地步。我和冯巩、牛莉合作表演的《跟着媳妇当保姆》，最后的演出稿是第108稿，真是千锤百炼磨出来的。也许就是凭着这种执著和较劲儿，冯巩才能在春晚的舞台上坚持二十多年。

其实，这个世界上，每个人都是成功的近邻。一个人不管被命运安排在多偏僻的角落，只要锲而不舍地努力，成功迟早都会来敲门。

（蒋光宇）

用理想攻克猜想

2011年10月,26岁的大学生刘路因为破解了"西塔潘猜想"而一举成名,被誉为"世界数学天才"。而在此之前,刘路却是人们眼中的"笨孩子"。

刘路出生于大连市一个普通的知识分子家庭,性格内向,没有一点儿出类拔萃的地方。但是,他对数学情有独钟。一次,他得到了一本大学初等数论课本,便一下子爱上了它。这本书为刘路揭开了那些枯燥背后的秘密,让他欣喜若狂。

刘路开始偷偷地自学。他常常把自己关在房间里,一个人在数学王国里遨游。有些似懂非懂,有些根本就不懂,但这些问题就像是一块磁铁,牢牢地吸引着他。他按照自己的思维去理解、去探索、去研究。

就在刘路沉浸在自己秘密的同时,他的学习成绩却在不断地下滑。初三的时候,他的语文、英语都亮起了红灯。母亲找到班主任,想找出刘路退步的原因。可是,他们把早恋、贪玩、上网等原因一一排除。因为,刘路学习很刻苦,一点儿也没有懈怠。最后,班主任给出了结论：这个孩子太笨。

已经是夜里12点。母亲推开了刘路房间的门，看着在灯下学习的刘路，无奈地叹了口气。刘路听到母亲的哀叹声，知道母亲在为自己操心。这一夜，他下决心把心收到学习上来。

但是，没有数学，刘路根本吃不下饭、睡不着觉。无奈，刘路只好规定每天只探究一个秘密。那段日子，刘路真的很难。他的难并不是来自书本上的压力，而是来自母亲的哀叹和老师的白眼。有些科目的老师甚至完全把刘路抛弃，认为他是一个不可救药的笨孩子。刘路默默地忍受着，坚持走自己的路。

最终刘路赢了自己。初中毕业，他幸运地考上了高中。高中毕业，他又如愿地考上了中南大学数学与计算机学院。这时候，父母悬着的心终于落了地。

大学的学习环境相对宽松，刘路可以光明正大地在数学王国里遨游。只是，课堂里的那些知识已经满足不了他。

这天，刘路在学校的图书馆里发现了"西塔潘猜想"，这是一个世界数学顶尖难题，是由英国数理逻辑学家西塔潘于20世纪90年代提出的。二十余年里，世界许多著名数学家对"西塔潘猜想"进行过研究，试图找出答案。可是，结果都是以失败而告终。刘路对此表现出了浓厚的兴趣，他开始查阅资料，试图找出答案。

刘路的研究被一位同学发现了。那位同学很惊讶，这可是世界数学尖端哪。再说，刘路的数学成绩在班级只是一般，他怎么可能

成功绝无偶然

破解世界尖端难题呢？这个消息传出后，刘路遭到了同学们的嘲笑，认为刘路完全是癞蛤蟆想吃天鹅肉。可是，刘路不在乎别人怎么说。他继续自己的研究。一种方法失败了，就寻求另外一种方法。经过三个多月日日夜夜、不眠不休的反复演算，刘路居然破解了这道困扰世界数学界二十余年的难题。奇迹！天才！赞美声不断。

　　有人说，是金子，纵然被深埋在地下，也总会有发光的那一天。可是，为什么那么多"金子"终生没有发光，原因是他们在成长的途中，丢弃了理想。只有理想才可以攻克一切的人生"猜想"。

（渠　首）